Glazialmorphologische Untersuchungen zwischen Töss und Thur

INAUGURAL-DISSERTATION

zur Erlangung der Philosophischen Doktorwürde

vorgelegt
der Philosophischen Fakultät II der Universität Zürich

von
ULRICH J. KÄSER
von Kleindietwil (Kt. Bern) und Meggen (Kt. Luzern)

Begutachtet von Herrn Prof. Dr. G. Furrer

Zürich 1980

Druck: Juris Druck + Verlag Zürich
          ISBN 3 260 04777 8

VORWORT

Auf Anregung von Herrn Prof. Dr. G. Furrer begann ich 1973 mit
geomorphologischen Untersuchungen im Gebiet zwischen Töss und
Thur. Aus der 1975 beendeten Diplomarbeit resultierten die
Grundlagen und Erfahrungen für das von 1975 bis 1979 bearbei-
tete Dissertationsthema, wobei sich das Schwergewicht der Arbeit ins Tösstal verlagerte. Hier konnten neue Erkenntnisse
zur Genese der pleistozänen Ablagerungen gewonnen werden. Einen
weiteren Schwerpunkt bilden die Untersuchungen über die postglazialen Umlagerungen im Neftenbacher-Schotterfeld.

Die Leitung der Arbeit lag in den Händen von Herrn Prof. Dr.
G. Furrer, dem ich an dieser Stelle meinen herzlichsten Dank
ausspreche. Mit aufmunternden Worten verstand er es immer wieder, den Glauben an die Lösbarkeit der Probleme wachzuhalten.
Ich danke ihm auch für die grosse Freiheit, die er mir bei der
Wahl der Schwerpunkte liess. Er war es auch, der mir überaus
wertvolle Kontakte mit Fachleuten anbahnte.

Durch Herrn Prof. Dr. G. Furrer lernte ich auch Herrn Dr. Ch.
Schlüchter kennen, der mich anlässlich mehrerer Exkursionen
auf Probleme aufmerksam machte und dank seines profunden Wis-
sens als Quartärgeologe auch Lösungsmöglichkeiten nennen konnte. Herr Dr. Schlüchter hat zudem mein Manuskript sorgfältig
und kritisch durchgelesen. Seine sehr präzise, stets wohlwol-
lende Kritik hat viel zum Gelingen der Arbeit beigetragen. Für
seine immense Arbeit danke ich ihm ganz besonders herzlich.

Unschätzbare Dienste hat mir auch mein Studienkollege Dr. W.A.
Keller geleistet. Er kennt mein Arbeitsgebiet gut. Diskussionen
mit ihm waren deshalb stets besonders fruchtbar. Er war es auch,
der mich in neue Arbeitsmethoden einführte und mit einer Aus-

nahme sämtliche 14C-Proben datierte. Ihm gebührt mein herzlichster Dank.

Herr Dr. H. Turner bestimmte mir eine grosse Anzahl von Gastropodenschalen und interpretierte deren Aussage in paläoklimatischer und paläoökologischer Hinsicht. Herr PD Dr. F.H. Schweingruber bestimmte mir die subfossilen Holzreste. Ihnen beiden spreche ich meinen besten Dank aus.

Herrn Dr. G. Styger bin ich für sein reges Interesse an meiner Arbeit, seine fachkundigen Ratschläge und das Ueberlassen von geologischen Unterlagen zu besonderem Dank verpflichtet.

Die Herren Prof. Dr. H. Jäckli, Dr. P.A. Haldimann und Ingenieur B. Kuhn gewährten mir Einblick in geologische Expertisen. Ich danke ihnen dafür bestens.

Herrn Prof. Dr. H. Haefner danke ich für die Vermittlung von Luftbildern.

Meinen besten Dank spreche ich den Herren Prof. Dr. A. Leemann und Dr. M. Steffen für ihr reges Interesse an meiner Arbeit und die wertvollen Denkanstösse aus.

Zu Dank verpflichtet bin ich ferner allen, die mir bereitwillig Auskunft gaben und mir bei der Lösung wissenschaftlicher und technischer Probleme halfen.
Namentlich danke ich: A. Baumann, Dr. G. Bazzigher, Kieswerk Briner, Dr. G. Dorigo, Dr. P. Fitze, U. Geiser, J. Gutknecht, Fam. W. Gutknecht, Dr. D.-C. Hartmann-Brenner, Dr. F. Hofmann, Dr. O. Keller, W. Kyburz, U. Knecht, Ing. E. Krayss und Dr. G. Schwarz-Oberholzer.

Meiner Frau, meiner Schwester K. Straub und meinem Schwager J. Straub danke ich für die Durchsicht der Reinschrift.

In tiefer Schuld stehe ich bei meinen Eltern und meinen Kindern, ganz besonders aber bei meiner Frau. Sie alle haben zum Gelingen der Arbeit beigetragen, sei es durch aktive Mitarbeit oder aufmunternde Anteilnahme, Geduld und Verständnis.
Ihnen sei diese Arbeit gewidmet.

INHALTSVERZEICHNIS

A.   EINLEITUNG

1.   Problemstellung

Während das Ziel der Diplomarbeit eine detaillierte geomorphologische Kartenaufnahme war, so soll die vorliegende Arbeit vor
allem Auskunft über die Morphogenese des Untersuchungsgebietes
geben.

Drei Problemkreise lassen sich unterscheiden:

a) Wie weit stiess der letzteiszeitliche Rhein-Thur-Gletscher
   maximal vor?
   Zur Beantwortung dieser Frage waren folgende Abklärungen
   notwendig:
   - Lässt sich der aufgeschlossene Teil des Embracher-Schotter-
     feldes stratigraphisch gliedern?
   - Wie weit stiess der Rhein-Thur-Gletscher ins Tösstal vor?
   - Sind verschiedene Vorstösse des letzteiszeitlichen Rhein-
     Thur-Gletschers zu beobachten?

b) Lässt sich im Arbeitsgebiet die letzteiszeitliche Eisaus-
   dehnung während verschiedener Rückzugsstadien bestimmen?

c) Wie verlief die postglaziale morphogenetische Umgestaltung
   des Arbeitsgebietes?

2. Wichtige vorangegangene Arbeiten

H. Walser, 1896: Walser nimmt Veränderungen der Erdoberfläche im Umkreis des Kantons Zürich seit der Mitte des 17. Jahrhunderts auf. Im Untersuchungsgebiet betrifft dies v.a. das Verschwinden mehrerer stehender Gewässer.

J. Früh, 1896: Er behandelt die Drumlinlandschaften des alpinen Vorlandes, im besonderen auch diejenige westlich von Seuzach.

J. Hug, 19o7/o9: Hug ist der erste, der eine detaillierte Bearbeitung des nördlichen Kantons Zürich vornimmt und die wesentlichen Grundlagen für die späteren Arbeiten legt. Er gibt mögliche Maximallagen des Würmgletschers im Tösstal und am Irchel an und vertritt die Meinung, der Eisstrom des Tösstales entstamme dem Rheingletscher. Er trennt zwei Niederterrassenniveaus.

L. Bendel, 1923: Er stuft die Ablagerungen der Molasse und der Eiszeiten am Irchel und dessen Umgebung zeitlich ein. Die Endmoränen des Würmgletschers vermutet er an der Tössegg.

J. Weber, 1924: Weber beschränkt sich auf die Umgebung von Winterthur und behandelt die Ablagerungen des Tertiärs und Quartärs in seinen Erläuterungen zur Spezialkarte Nr. 1o7. Er unterscheidet Riss- und Würmablagerungen und sieht die Maximalausdehnung des Würmgletschers am Irchel tiefer als Hug. Den Pfungener-Lehm bezeichnet Weber als die abgesetzte Trübe der Gletschermilch in einen beim Blindensteg (Dättlikon) gestauten See. Als "würmisch" stuft er die Schotter des Neftenbacher- und Winterthurer-Schotterfeldes ein, die unterhalb Hard nach der Würmeiszeit in verschiedene Terrassen zerschnitten wurden. Die höher liegenden Schotter am Eschenberg, bei Veltheim und Iberg bezeichnet er als risszeitlich.

A. Weber, 1928: Weber befasst sich intensiv mit der Einordnung der Schotterterrassen. Seiner Ansicht nach gibt es im unteren Tösstal keine Schotter mehr, die den Hochterrassenschottern von der Tössmündung bis Eglisau entsprechen. Er unterscheidet im unteren Tösstal fünf Terrassenniveaus (Rückzugsterrassen) unterhalb der Niederterrassenoberfläche. Diese korreliert er mit den von Penck, Hug und Schalch im Rheintal ausgeschiedenen.

E. Hess, 1934/44/56: Hess hält geologische Beobachtungen aus dem

Gebiet Winterthurs und seiner näheren Umgebung fest.

E. Geiger, 193o/48/61: Er untersucht den Geröllbestand im Rhein-
gletscherbereich und zieht daraus Rückschlüsse auf das Alter der
Ablagerungen.

U. P. Büchi, 1958: Er bearbeitet die Geologie der Oberen Süsswassermolasse zwischen dem Töss- und Glattal. Büchi erkennt eine
Hauptflexur bei Embrach, deren beide Aeste über Neftenbach Richtung Andelfingen einerseits und Richtung Thurtal andererseits
streichen.

H. Jäckli, 1958: Jäckli untersucht im Zusammenhang mit dem Bau der
Weinlandbrücke die Geologie der Umgebung Andelfingens.

R. Hantke, 196o: Er äussert sich zu den Schottervorkommen im
oberen Tösstal und gibt Höhenangaben für die maximale Eislage
während der Riss- und Würmeiszeit im Grenzbereich von Linth- und
Rheingletscher. Als Würm-Maximalstand im Tösstal nennt er eine
nicht näher bezeichnete Stelle unterhalb Pfungen.

H. Graul, 1962: In seinen "Geomorphologischen Studien zum Jungquartär des nördlichen Alpenvorlandes" korreliert er bei Andelfingen die Wallmoränen nördlich der Thur mit jenen südlich davon.
Er äussert sich auch zur Entstehung des Schotterfeldes zwischen
Dorf und Volken. Die Henggarter Rinne stellt er dem Oberneunfor-
ner Tal, die Niederwiler Rinne Tannholz und Heidi bei Ossingen
gegenüber. Graul erkennt bei Andelfingen insgesamt drei Moränen-
züge.

H. Jäckli, 1962: Er befasst sich mit der Vergletscherung der
Schweiz im Würmmaximum und stellt die Ergebnisse in einer Karte
dar.

M. Steffen, 1964: Steffen behandelt die Quartärgeologie des Winterthurer Tales. Er wertet die Ergebnisse von Bohrungen aus und
gelangt dadurch zu wichtigen Erkenntnissen über den Aufbau der
Talfüllung. Steffen äussert sich auch zur Entstehung der Pfungener
Schicht und der Talgenese im allgemeinen.

R. Hantke und Mitarbeiter, 1967: Sie veröffentlichen eine zusam-
menfassende kartographische Darstellung der Geologie des Kantons
Zürich und seiner Nachbargebiete. Diese vermittelt eine wertvolle
Uebersicht über die Ablagerungen im Untersuchungsgebiet.

F. Hofmann, 1967: Er untersucht die geologischen Verhältnisse im
Gebiet des Kartenblattes 1o52 (Andelfingen) der Schweizerischen
Landeskarte. Die detaillierte Kartierung wird durch Erläuterun-
gen ergänzt. (Geologischer Atlas der Schweiz, Blatt 52)

L. Ellenberg, 1972: In seiner Dissertation untersucht er die
Morphogenese der Rhein- und Tössregion. Er kartiert die Relief-
formen und interpretiert sie. Daneben datiert und erklärt er
den Rheindurchbruch bei Rüdlingen und findet Indizien für eine
Zweiphasigkeit der letzten Eiszeit (Würm).

W.A. Keller, 1977: Diese Arbeit steht in engem Zusammenhang mit
der vorliegenden. Die Problemstellung ist ähnlich. Das Rafzerfeld bildet die Kernzone des Arbeitsgebietes von Keller, das im
übrigen vom Irchel bis Andelfingen an unseres grenzt.
Mit Hilfe einer Reihe von Bohrungen, geoelektrischen und seismischen Daten kann er eine Karte der Felsoberfläche der Molasse
rekonstruieren.
Er belegt mit geröllpetrographischen und -morphometrischen Metho-
den eine Gliederung der Lockergesteine im Rafzerfeld in mindestens vier verschiedene Schotterkörper.
Im Zusammenhang mit der litho- und chronostratigraphischen Gliederung der Sedimente erhält er Anhaltspunkte für eine zeitliche
Einstufung des Rheindurchbruches bei Rüdlingen.

C. Schindler et al., 1978: Er untersucht die quartären Ablagerungen bei Aadorf. Dadurch gelangt er unter anderem auch zu Erkenntnissen über die Ausdehnung des Würmgletschers im Gebiet
östlich Winterthur.

3.   Ueberblick über das Arbeitsgebiet

3.1.   Abgrenzung des Arbeitsgebietes

Die Koordinate 7oo'ooo begrenzt das Arbeitsgebiet gegen Osten,
das Thurtal von Altikon über Andelfingen bis Flaach dasselbe
gegen Norden. Am Irchel folgt die Grenze den Ortschaften: Berg,
Gräslikon, Buch, Dättlikon. Die Grenze verläuft sodann der linken Seite des Tösstales entlang bis Kollbrunn, wo die östliche
Begrenzung erreicht wird. Als eigentliches Kerngebiet kristalli-
sierte sich das Tösstal heraus.
Im Gebiet des Embracher-Schotterfeldes und des untersten Tösstales wurden einige, ausserhalb des Arbeitsgebietes liegende
Aufschlüsse in die Untersuchungen einbezogen (vgl.Kap.B.1.,p.26).

Fig. 1: ABGRENZUNG DES ARBEITSGEBIETES
O wichtiger Aufschluss
⊕ idem, ausserhalb des Arbeitsgebietes
Reproduziert mit Bewilligung des Bundes-
amtes für Landestopographie vom 27.6.1979

3.2. Geologischer Ueberblick

Im Untersuchungsgebiet treten an der Oberfläche nur die Ablagerungen zweier geologischer Formationen auf: solche aus dem Tertiär und dem Quartär.
Während im östlichen Teil des Arbeitsgebietes die pleistozänen
und holozänen Ablagerungen stark überwiegen, tritt im westlichen
Teil die Molasse an den Abhängen und in den Erosionskerben zutage.
Beim überwiegenden Teil handelt es sich dabei um Sandsteine und
Mergel der Oberen Süsswassermolasse. In den tieferen Lagen um
den Irchel herum erscheinen Sandsteine der Oberen Meeresmolasse,
und nur gerade zwischen Flaach und Tössegg ist infolge der kräf-
tigen Erosion durch den Rhein die Untere Süsswassermolasse aufgeschlossen. (vgl. Fig. 2)
Die Molassetektonik im Arbeitsgebiet wurde verschiedentlich untersucht. U. P. Büchi, 1958, beschreibt eine Antiklinale (Streich-
richtung SW-NE) über den Irchel hinweg und parallel dazu eine
Synklinale im Gebiet der Tössegg. Zwei Störungen ziehen in das
Untersuchungsgebiet hinein:
- die Flexur nördlich Brütten,
- die Hauptflexur von Embrach, die gegen Pfungen/Neftenbach zieht,
  sich dort aufspaltet und einerseits Richtung Hegau, andererseits
  Richtung Thurtal verfolgbar ist.
Bis jetzt konnten keine Bewegungen quartären Alters entlang dieser Störungen beobachtet werden.
Die pleistozänen Ablagerungen, die Deckenschotter auf dem Irchel
ausgenommen, werden von Hantke, 1967, und anderen ausnahmslos der
letzten Eiszeit zugeordnet. Im Bereich der höchsten Erhebungen
und an den Abhängen fehlen sie oder sind geringmächtig. Besonders
gut ausgebildete Wallmoränen findet man im nordöstlichen, ausge-
dehnte Schotterebenen im südlichen Teil des Arbeitsgebietes.
Holozäne Sedimente liegen als Hangfussakkumulationen, Schwemmfächer, Auelehme, Weiherverlandungen, Torfbildungen etc. vor.

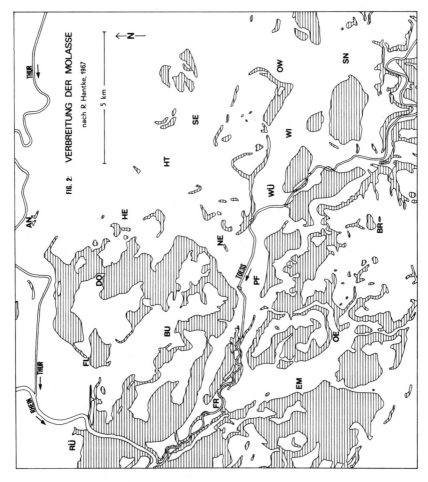

FIG. 2: VERBREITUNG DER MOLASSE
nach R. Hantke, 1967

⟵N⟶

5 km

Legende:

AN = Grossandelfingen
BR = Brütten
BU = Buch am Irchel
DO = Dorf
EM = Embrach
FL = Flaach
FR = Freienstein
HE = Henggart
HT = Hettlingen
NE = Neftenbach
OE = Oberembrach
OW = Oberwinterthur
PF = Pfungen
RÜ = Rüdlingen
SE = Seuzach
SN = Seen
WI = Winterthur
WÜ = Wülflingen

☐ = Quartär
▤ = Tertiär

4.   Arbeitsmethoden

Wie schon erwähnt, steht diese Arbeit in engem Zusammenhang mit
jener von W. A. Keller, 1977. Um möglichst vergleichbare Resultate zu erlangen, wurden ähnliche oder gleiche Arbeitsmethoden
angewandt. Neben der Aufnahme einer detaillierten geomorphologischen Karte und verschiedenen Datierungsversuchen gilt dies
besonders für die Geröllanalysen.

4.1.   Geröllpetrographische Untersuchungen

Im Zusammenhang mit geologischen und geomorphologischen Arbeiten
sind wiederholt geröllpetrographische Untersuchungen ausgeführt
worden, so in den Arbeiten von M. Steffen, 1964, und L. Ellenberg,
1972. Wesentlich umfangreicher bezüglich dieser Fragestellung
sind die Arbeiten von R. Frei, 1912, und E. Geiger, 1948/61.
E. Geiger untersucht Schottervorkommen im gesamten Akkumulations-
gebiet des Rheingletschers, erkennt Unterschiede zwischen ver-
schieden alten Schottern und ordnet diese verschiedenen Eiszeiten
zu. Er betont die Wichtigkeit einer zufälligen Probenzusammensetzung
und einer minimalen Grösse der Probe. Ausserdem dürfe man nicht
Gerölle sehr unterschiedlicher Grössenklassen untereinander ver-
gleichen.
In Anlehnung an E. Geiger, 1948/61, und W. A. Keller, 1977, wurden
in der vorliegenden Arbeit jeweils Proben mit 3oo bis 6oo Geröllen ausgewertet. Die Entnahme erfolgte als Stichprobe aus einer bestimmten stratigraphischen Einheit. Ausgewertet wurden nur
Gerölle von 2 bis 7cm grösster Länge.
Wie bei W. A. Keller, 1977, erfolgte eine Aufteilung der Proben
in drei Gruppen: A = Alpenkalk
                  F = Flyschmaterial
                  K = Kristallin und anderes
Molassematerial lokaler Herkunft wurde nicht berücksichtigt.
Die Gruppen A und F umfassen um die 9o% aller Gerölle, wobei F
leicht überwiegt . Der Versuch einer weiteren Aufgliederung von
A und F führte zu keinem Resultat. Die Aufteilung der Gruppe K
in die untenstehenden Teilgruppen ergab aber zum Teil recht deutliche Resultate, die bei der Besprechung der Teilgebiete genannt
und interpretiert werden.

Aufteilung der Gruppe K:

Taveyannaz-Sandstein ⎫
Sernifit   ⎬ aus dem Einzugsgebiet des Linthgletschers
Spilit   ⎭ (Lintherratikum)

Gneis s.l.   ⎫
Radiolarit   ⎪
Ilanzer Verrucano   ⎪
Juliergranit   ⎬ aus dem Einzugsgebiet des Rheingletschers
Rofnaporphyr   ⎪ (Rheinerratikum)
helle Granite   ⎭

Wie längst von verschiedenen Autoren erkannt, gibt es unter den
aufgeführten Gesteinsarten keine einzige, die nur im einen oder
im anderen Einzugsgebiet vorkommt. So erhält beispielsweise der
Linthgletscher durch die Walenseetalung Zuschüsse vom Rheingletscher, der Rhein-Thur Gletscher über die Rickentransfluenz vom
Linthgletscher. Zudem gibt es, wie M. Steffen, 1964, betont,
rote Verrucanos in der Umgebung von Arosa, Taveyannaz-Sandstein
aus dem Taminatal.
Ferner kann nicht ausgeschlossen werden, dass einzelne Gerölle
(z.B. Radiolarite) aus der Nagelfluh aufgearbeitet wurden.
    Einzelfunde sind also nicht typisch, das Vorherrschen
der einen oder anderen Gruppe lässt aber doch, vorsichtig interpretiert, gewisse Aussagen zu. Dies zeigt auch die Arbeit von
W.A. Keller, 1977. So ist es möglich, Sedimentkomplexe zu gliedern und Einflussdominanzen der Gletscher zu erkennen.
Ob signifikante Unterschiede zwischen den einzelnen Schotterproben bestehen oder nicht, konnte mit dem Chi-Quadrat-Test ge-
prüft werden (W.J. Conover, 1971). Dies gilt hinsichtlich der
Petrographie (Hier wurde eine geordnete Reihenfolge der Erratika
einer Probe gleich loo% gesetzt und mit der entsprechend geordneten Erratika-Reihe der anderen Probe verglichen.) sowie hinsichtlich der Morphometrie (vgl. Kap. A.4.2.), wo sämtliche in
Klassen geordneten Werte verglichen wurden. Beim Vergleich der
geröllpetrographischen Werte war die Beschränkung auf die Erratika (Gruppe K) deshalb notwendig, weil in der Gesamtprobe der
Flysch- und Kalk-Anteil zu sehr überwiegt (in 31 von 32 Proben
über 9o%). Daraus wird verständlich, dass darauf verzichtet wor-

den ist, bei jedem Probenvergleich Signifikanzwerte anzugeben,
da diese ohnehin eine falsche Sicherheit vortäuschen würden
(vgl. auch p. 16).

Als Beispiel seien hier die Auswertungen der Proben 1 und 2
(Henggart) sowie 31 und 32 (Tagelswangen) genannt (vgl. Fig. 4
und Tab. 1):

Probennummer	1	2	31	32	Gesamtheit
Lintherratikum	0%	0,2%	6,8%	3%	aller Gerölle
					einer Probe
Rheinerratikum	6,2%	5,9%	3,7%	1,2%	gleich 1oo%

Der Chi-Quadrat-Test ergab hier einen hoch signifikanten Unterschied zwischen der Probengruppe Henggart und der Gruppe
Tagelswangen. Offenbar hat hier entweder der Rhein-Thur-Gletscher (Proben 1 und 2) oder der Linthgletscher (Proben 31 und
32) den jeweils dominierenden Erratika-Anteil geliefert.

Im Grenzbereich der beiden Gletscher, im südlichen Arbeitsgebiet, haben sich hingegen die Schmelzwasser teilweise sogar
vermischt. Trotzdem scheint die Hauptmasse der Schotter im
Tösstal zwischen Winterthur und Embrach aus dem Einzugsgebiet
des Rhein-Thur-Gletschers zu stammen.

Wichtiger noch als die Zuweisung zum einen oder anderen Gletscher ist die Möglichkeit der Gliederung der Schotter durch
deren petrographische Untersuchung.

Tabelle 1 enthält die Resultate sämtlicher Proben, während
Figur 4 Auskunft über die Entnahmestellen gibt.

An dieser Stelle muss darauf hingewiesen werden, dass in den
Grundmoränen-Proben der Anteil des Kristallins und des Serni-
fites leicht grösser ist als in den Schotterproben. Der Grund
mag in der teilweise geringen Transportresistenz der Gneise
und Sernifite in fliessendem Wasser liegen.

4.1.1. Vergleich der Werte aus dem Rafzerfeld mit den vorlie-
        genden

Ein Vergleich unserer geröllpetrographischen Werte mit den von
W.A. Keller, 1977, aus dem Gebiet des Rafzerfeldes publizierten,
zeigt:

- dass der Gesamtanteil der Gruppe K (Linth- und Rheinerratikum)
  im Rafzerfeld im Mittel höher ist,
- in der Mehrzahl der Proben aus unserem Arbeitsgebiet wie aus

dem Rafzerfeld das Rheinerratikum überwiegt und

- dass im Rafzerfeld lediglich zwei Proben (von 13) einen hohen Anteil an Lintherratikum aufweisen, während dies in unserem Arbeitsgebiet immerhin bei einem Viertel der Proben der Fall ist.

Deutlich erkennt man den allgemein stärkeren Einfluss des Linthgletschers in unserem Gebiet. Das Rafzerfeld erhielt nur während eines bestimmten Zeitabschnittes (nach W.A. Keller, 1977, zur Zeit des ersten Eisvorstosses der vorletzten Vergletscherung: Riss I) bedeutende Zuschüsse vom Linthgletscher.

Der noch höhere Anteil der Gruppen A und F in unserem Gebiet dürfte damit zu erklären sein, dass sowohl die linke Flanke des Rhein-Thur-Gletschers wie die rechte des Linthgletschers auf grossen Strecken den gleichen Gesteinsserien folgten.

Fig. 3:

PROZENTUALER
ANTEIL DES ERRATIKUMS

● Proben aus unserem
Arbeitsgebiet
(vgl. Tab. 1)

o Proben aus dem Raf-
zerfeld
(nach W. A. Keller,
1977)

Gesamtheit aller Ge-
rölle einer Probe
gleich loo%

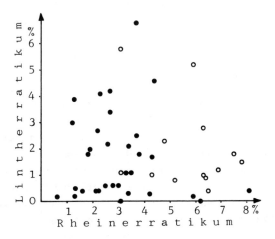

Fig. 4 : ENTNAHMESTELLEN DER PROBEN für die geröllpetrographischen und geröllmorphometrischen Untersuchungen

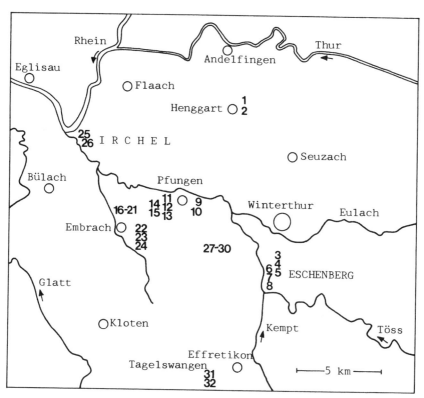

Entnahmestellen der Proben:	Koordinaten:	Proben-Nr.
Henggart	694'4oo/269'2oo	1, 2
Chüeferbuck, Eschenberg	696'55o/259'15o	3, 4, 5
Langenberg, Eschenberg	696'25o/258'8oo	6, 7, 8
Bruni, Pfungen	691'4oo/263'65o	9, 1o
Briner, Pfungen	69o'1oo/263'35o	11, 12, 13
Rietli, Pfungen	689'75o/263'3oo	14, 15
Embrach	687'15o/263'2oo	16 bis 21
Lufingen	687'95o/26o'8oo	22, 23, 24
Stelzen-Terrasse	684'75o/267'25o	25, 26
Chomberg	693'1oo/26o'ooo	27 bis 3o
Tagelswangen	692'8oo/253'6oo	31, 32

(Zur vertikalen Abfolge der Proben im selben Aufschluss vgl.Tab.1)

Tab. 1: PROZENTUALE VERTEILUNG DES LINTH- UND RHEINERRATIKUMS

		Lintherratikum				Rheinerratikum							
Proben-Nr.	Entnahmestellen d. Proben	Sernifit	Tavayannaz-Sandstein	Spilit	Total	Radiolarit	Juliergranit	heller Granit	Gneis s.l.	Rofna-porphyr	Ilanzer Verrucano	Total	Rest (Kalk, Flysch)
1	Henggart "Wall"								3.1		3.1	6.2	93.8
2	Henggart Dach	0.2			0.2				4.7	0.5	0.7	5.9	93.9
3	Chüeferbuck Basis			0.5	0.5	1			0.6			1.3	98.2
4	Chüeferbuck Dach								0.9			0.6	99.1
5	Chüeferbuck GM	0.4		0.2	0.6	0.4	0.4	0.4	4.1		2	8.1	91.5
6	Langenberg Basis					0.9		0.2	1.1			2.2	97.4
7	Langenberg Mitte	0.3		0.3	0.6	0.5			2.1			2.5	96.9
8	Langenberg Dach	0.2		0.2	0.4	0.8				0.5		3.4	96.3
9	Bruni Basis	0.6			0.6	0.4		0.2	0.5			1.6	98
10	Bruni Dach	0.4			0.4	0.8				0.2		1.3	98.5
11	Briner Basis	2.2			0.6	0.4	0.2		1.3			2.8	96.6
12	Briner Dach	0.3		0.4	0.4	0.7			0.9		0.2	2.2	97.4
13	Briner GM					0.4		0.2	1.6			1.3	94.8
14	Rietli Basis	2.1	1.3		4.2	2.4			2.7			5.5	94
15	Rietli Dach	1.5			3.4	1.3		0.4	1.9			2.1	95.5
16	Embrach, H, Dach	1.5	1.5	0.6	1.7				2.4	0.3		3.1	96.9
17	Embrach, G, Mitte	0.4	1.5	0.4	1.1		0.4		2.1		0.3	4.2	93.1
18	Embrach, C, Mitte	0.7	1.4		1.1		0.6		1.9		0.3	3.1	93.9
19	Embrach, B, Mitte	2.3	0.2		0.6	0.3		0.3				2.7	95.6
20	Embrach, A, Basis	0.6	0.2	0.2	1.1	0.6	0.2	0.5	2.2			4.3	96.4
21	Embrach, A, Dach	0.9	1.5	0.3	4.1	0.9		0.6	2.9			3.3	95.4
22	Lufingen Basis	0.8	0.6	0.3	2.5	0.8		0.3	3.1	0.9		3	96.4
23	Lufingen Mitte	1.4	1.3		1.8	0.6	0.3					3.5	95.2
24	Lufingen Dach	1.5	0.8		2.1				0.8			2.3	93.8
25	Stelzen Basis	1.4	0.8	0.4	2.7	1.6			0.8		0.8	3.7	94.4
26	Stelzen Dach	0.5	0.6		2	0.4			1.5			3.8	94.5
27	Chomberg Basis	2.9	0.8	0.5		0.3		0.3	2.9	0.2		3.3	95.1
28	Chomberg Dach I	4.9	0.6	0.6	1.8	0.3	0.3	0.1	2	0.5		2.6	96.1
29	Chomberg Dach II	1.2	0.8	0.3	4.6	0.3						2.2	96.4
30	Chomberg GM		1.6	0.9	6.8	0.7			0.9	0.6		1.9	91
31	Tagelswangen I				3	0.3			2			1.8	89.5
32	Tagelswangen II		0.9									4.4	95.8

(Die genauen Angaben zu den Proben 16 bis 21 können der Fig. 1o entnommen werden.)

4.2. Geröllmorphometrische Untersuchungen

Es wurde auch hier die von W.A.Keller, 1977, erfolgreich angewandte
Methode übernommen, damit unsere Werte mit den seinen vergleichbar
sind. Somit wurden die bei den geröllpetrographischen Untersuchungen
aussortierten Alpenkalke (je loo Stück, ohne Kieselkalke) nach A.
Cailleux, 1952, vermessen:

$$\text{Zurundungsindex (Zi)} = \frac{2r}{L} \cdot \text{looo} \quad ; \quad \text{Abplattungsindex (Ai)} = \frac{L+1}{2E} \cdot \text{loo}$$

L = grösste Länge des Gerölles
1 = grösste Breite (in einer Ebene senkrecht zu L gemessen)
E = grösste Dicke (senkrecht zur Ebene L-1 gemessen)
r = kleinster Krümmungsradius (in der Ebene L-1)

Um Unterschiede durch wechselnde Transportresistenz der Gerölle
auszuschliessen, wurden nur Alpenkalke vermessen.

Die Ziele der geröllmorphometrischen Untersuchungen waren:
- möglichst objektives Einordnen der Sedimente in die Gruppen:

-überwiegend glazigene Prägung
-überwiegend fluviatile Prägung } (vgl.Fig.5)

- Gliederung der Sedimente in einem Aufschluss   (vgl.Fig.5)
- Erkennen von Vorstoss- und Rückzugsschottern (vgl.Kap.B.1.5.3.)

4.2.1. Darstellung der Zi- und Ai-Werte

Uebersichtlich ist die Zusammenfassung der Zi-oder Ai-Werte einer Probe in Klassen von 5o Einheiten und die Darstellung als Histogramm.
Bei den meisten Proben sind die Werte mehrmodal verteilt, weshalb
zum Vergleich der Proben unter sich die Medianwerte verwendet werden sollten (A. Cailleux, 1952; W. Panzer, 197o; Ch. Schlüchter,
1976/78; W. A. Keller, 1977).
Nach Ch. Schlüchter, 1976/78, entspricht jeder Modus einer Geröll-
generation, entstanden durch Aufarbeitung, Umlagerung und Neumate-
rial. Die nachfolgende Tab. 2 und Fig. 5 geben einen Ueberblick über
die Zi- und Ai-Werte (Entnahmestellen der Proben vgl. Fig. 4).

Tab. 2: UEBERBLICK UEBER DIE GEROELLMORPHOMETRISCHEN WERTE (Median)

Probe*	Zi	Ai	Probe*	Zi	Ai	Probe*	Zi	Ai	* vgl.
1	139	2o1	11	394	184	21	3o4	177	Fig. 5
2	127	193	12	454	214	22	2o6	178	
3	415	18o	13	156	179	23	285	171	
4	336	178	14	354	189	24	35o	175	
5	2oo	177	15	4oo	191	25	323	183	
6	4o4	177	16	255	17o	26	269	18o	
7	378	186	17	149	175	27	242	166	
8	343	173	18	234	177	28	25o	188	
9	381	195	19	24o	167	29	21o	172	
1o	454	192	2o	375	188	3o	184	171	

Fig. 5 : UEBERSICHT UEBER DIE GEROELLMORPHOMETRISCHEN WERTE
(Median-Werte)

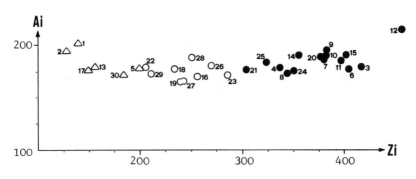

△ glazigene Prägung überwiegend

● fluviatile Prägung überwiegend

○ Uebergänge

Die Abgrenzung der drei Gruppen erfolgte nach A.Cailleux,1952, Ch. Schlüchter,1976, und nach dem Erscheinungsbild der Sedimente am Aufschluss.

Nr.	Entnahmestellen der Proben	Nr.	Entnahmestellen der Proben
1	Henggart "Wall"	16	Embrach, H, Dach
2	Henggart Dach	17	Embrach, G, Mitte
3	Chüeferbuck Basis	18	Embrach, C, Mitte
4	Chüeferbuck Dach	19	Embrach, B, Mitte
5	Chüeferbuck Grundmoräne	2o	Embrach, A, Basis
6	Langenberg Basis	21	Embrach, A, Dach
7	Langenberg Mitte	22	Lufingen Basis
8	Langenberg Dach	23	Lufingen Mitte
9	Bruni Basis	24	Lufingen Dach
lo	Bruni Dach	25	Stelzen Basis
11	Briner Basis	26	Stelzen Dach
12	Briner Dach	27	Chomberg Basis
13	Briner Grundmoräne	28	Chomberg Dach I
14	Rietli Basis	29	Chomberg Dach II
15	Rietli Dach	3o	Chomberg Grundmoräne

(Die genauen Angaben zu den Proben 16 bis 21 können Fig.lo entnommen werden.)

Fig. 6: HISTOGRAMME DER Ai-WERTE

Proben: 1 bis 15 (vgl. Fig. 4 und Tab. 1)   Median

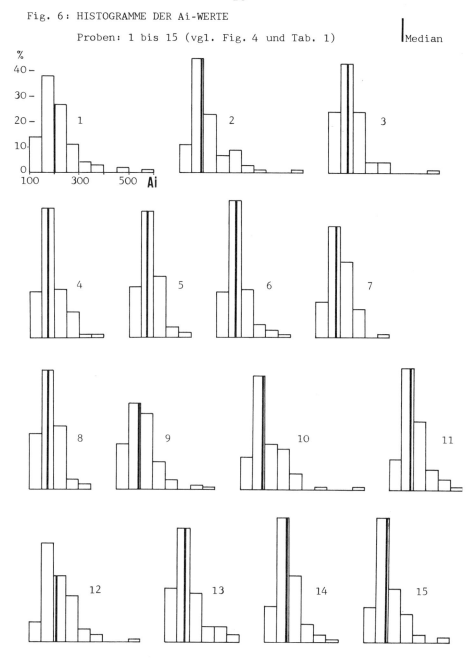

Fig. 7 : HISTOGRAMME DER Ai-WERTE

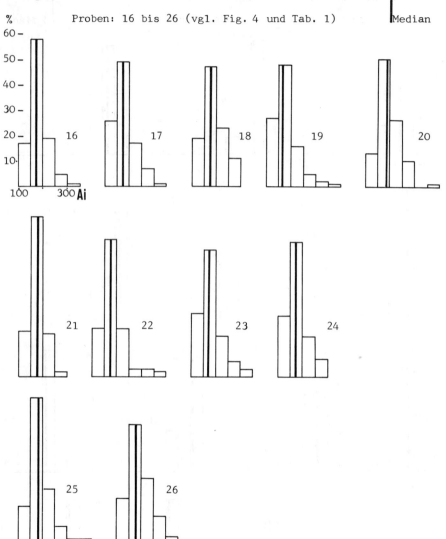

Proben: 16 bis 26 (vgl. Fig. 4 und Tab. 1)

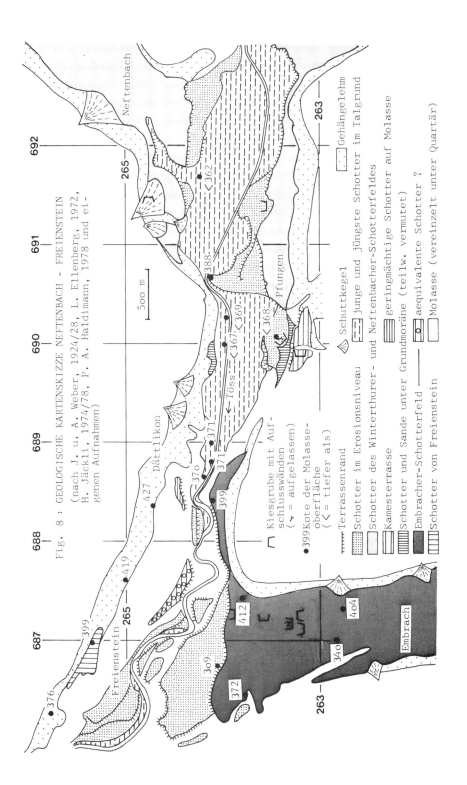

Fig. 8 : GEOLOGISCHE KARTENSKIZZE NEFTENBACH - FREIENSTEIN

(nach J. u. A. Weber, 1924/28, L. Ellenberg, 1972,
H. Jäckli, 1974/78, P. A. Haldimann, 1978 und eigenen Aufnahmen)

Terrassenrand

Schotter im Erosionsniveau

Schotter des Winterthurer- und Neftenbacher-Schotterfeldes

Kamesterrasse

Schotter und Sande unter Grundmoräne

Embracher-Schotterfeld

Schotter von Freienstein

Kiesgrube mit Auf-
schlusswänden
(⌐ = aufgelassen)

399 Kote der Molasse-
oberfläche
(< = tiefer als)

Schuttkegel

junge und jüngste Schotter im Talgrund

geringmächtige Schotter auf Molasse

aequivalente Schotter ?

Molasse (vereinzelt unter Quartär)

Gehängelehm

B.   BESPRECHUNG DER TEILGEBIETE

1.   Das Kerngebiet

Das Kerngebiet umfasst das Tösstal zwischen Winterthur und Dättlikon. Im Laufe der Arbeit stellte sich ein enger genetischer
Zusammenhang zwischen dem Embracher-Schotterfeld und dem Kerngebiet heraus. Entsprechend wurde dieses dann erweitert.
Im Gebiet von Embrach sind die quartären Ablagerungen relativ
gut aufgeschlossen und erbohrt. Die wichtigsten Ergebnisse sind
denn auch hier erzielt worden.
Fig. 8 gibt einen Ueberblick über die Geologie des Kerngebietes.

1.1.   Das Embracher-Schotterfeld

Ein Blick in die Kiesgruben im nördlichen Embracher-Schotterfeld
lässt dessen komplizierten Aufbau erkennen. Neuere Bohrungen er-
schliessen teilweise die komplexe Abfolge der Sedimente bis auf
die Molassefelsunterlage (H. Jäckli, 1978).
Im folgenden werden die aufgeschlossenen Ablagerungen visuell
und mit Hilfe geröllpetrographischer und - morphometrischer Untersuchungen gegliedert.

1.1.1. Die Kiesgruben bei Embrach (Koord: 687-688/263-264)

Bei Embrach kann man in vier Kiesgruben Einblick in den Aufbau
der Talfüllung nehmen. Bohrprotokolle erweitern das Bild.
Fig. 1o (p. 34) erlaubt einen Ueberblick über das Gebiet.
Es lassen sich vier lithostratigraphische Einheiten erkennen. Dies
sind lithologisch definierte Gesteinskörper, die eine lithologische Einheit bilden und kartierbar sind. Unter "Einheit" wird
jene Mannigfaltigkeit verstanden, die von einem näher zu begrün-
denden Gesichtspunkt aus als eine Einheit höheren Ranges zusammengefasst wird (Ch. Schlüchter, 1976).

Zusammenstellung der im aufgeschlossenen nördlichen Teil des
Embracher-Schotterfeldes beobachteten lithostratigraphischen
Einheiten:

Lithostratigraphische Einheit:	Gliederung:	Symbol:
Obere Schotter (oberste lithostratigraphische Einheit)	keine weitere Gliederung	A
Groblage	oberer Teil d. Groblage	B
	Sandbändchen	D
	unterer Teil d. Groblage	C
	geringmächtige feinkörnige Schotter	E
Grundmoräne s.l. (basal melt-out till *1)	unsortierte Fazies (mit einer "fluted surface" *2)	G
	feinkörnige Fazies (mit "current-beddings" *3)	F
Untere Schotter (unterste aufgeschlossene lithostratigraphische Einheit)	keine weitere Gliederung	H

* In Kapitel B.1.1.1. werden die nachstehend aufgeführten Begriffe in folgendem Sinne verwendet:

*1 basal melt-out till: Grundmoräne, die durch subglaziales Austauen des Sedimentmaterials (alle Korngrössen; ohne Sortierung durch fliessendes Schmelzwasser) entsteht. Da eine Druckeinwirkung fehlt, entsteht eine relativ lockere Ablagerung (vgl. A. Dreimanis, 1976).
Im Gegensatz dazu übt bei der Bildung von lodgment till s.s. (A. Dreimanis, 1976) der Gletscher einen hohen Druck auf die durch Druckschmelzen austauende Grundmoräne aus.

*2 "fluted surface": "Wellblechartige" Oberfläche bestehend aus langgestreckten, parallel zueinander verlaufenden Wällen (1 bis 3om hoch) vorwiegend aus Grundmoränenmaterial, die als "flutes" oder "flutings" (auch "Orgelpfeifenmoräne") bezeichnet werden(vgl. R. Ario, 1977; J. Shaw, 1975/1977).

*3 "current-beddings": Fliessschichtungen, d.h. die Schichtung des Sedimentes (Wechsellagerung von fein- und grobkörnigeren Sedimenten) geht auf die Tätigkeit fliessenden Wassers zurück.

Im folgenden werden die lithostratigraphischen Einheiten, beginnend mit der untersten, einzeln besprochen.

Die Unteren Schotter

Sie bilden die tiefste aufgeschlossene Einheit. Es handelt sich um gut sortierte, eher schlecht gerundete, feinkörnige Schotter. Ihre Oberfläche ist, soweit erkennbar, eben und annähernd horizontal und deutet damit auf ein ausgeprägtes hydrographisches Niveau hin. Weder eine Verwitterung noch eine Erosion derselben ist beobachtbar.

An zwei Stellen ist der Kontakt zur hangenden Grundmoräne s.l. aufgeschlossen:

- Im westlichsten Teil der g r ö s s t e n K i e s g r u b e (Koord: 687'18o/263'25o) beobachtet man einen kontinuierlichen Uebergang.
- An der Westwand in der w e s t l i c h s t e n G r u b e (Koord: 687'15o/263'1oo) erkennt man dagegen einen markanten lithologischen Wechsel (vgl. Abb. 5) zu den dort zwischen den Schottern und der Grundmoräne (unsortierte Fazies - G) liegenden sandig-tonigen Sedimenten (feinkörnige Fazies von basal melt-out till - F; vgl. Kap. B.1.1.4.).

Das Lintherratikum ist mit einem für unser Gebiet recht hohen Wert von 4% vertreten.

Die hangende Grundmoräne s.l.

Der Begriff Grundmoräne s.l. umfasst hier die Gesamtheit des glazigenen Materials (vgl. Ch. Schlüchter, 1976), das in der w e s t l i c h s t e n E m b r a c h e r G r u b e (Koord: 687'15o/263'1oo) gut aufgeschlossen ist und ca. 1oom nach Osten weiterverfolgt werden kann.

Diese lithologische Einheit (hinsichtlich der allgemeinen Genese) "Grundmoräne s.l." kann gegliedert werden in:

- Das unsortierte Sediment G, das den Hauptteil bildet:
  In einer tonig-sandigen Grundmasse liegen gerundete Gerölle, kantige bis kantengerundete Geschiebe und Steine (bis ca. 2o cm Durchmesser). Eine eigentliche Schichtung fehlt, und die Gerölle, Geschiebe und Steine sind geschrammt. Der Aufbau ist für eine Grundmoräne relativ locker und der Anteil der Tonfraktion eher gering.

- Die feinkörnigen, geschichteten Ablagerungen F bestehend aus
Ton, Silt und Sand:
Sie liegen in der Westwand (Koord: 687'15o/263'1oo) der
w e s t l i c h s t e n G r u b e zwischen den Unteren
Schottern und G (an einer Stelle in G; vgl. Abb. 5).
Im Bereich der westlichsten Grube bilden sie auch das Hangen-
de von G, keilen jedoch an der Westwand gegen Norden aus.
        Aehnliche Sedimente sind lediglich noch in der Südost-
Ecke der g r ö s s t e n G r u b e beobachtbar (vgl. Abb.
2).
Die unruhige Oberfläche der basalen Ton-Sand-Ablagerung geht
nicht auf Erosion zurück, wie "current-beddings" beweisen (vgl.
Abb. 3 und Abb. 5). Vielmehr belegt sie die Entstehung der
Grundmoräne s.l. als basal melt-out till.(Das Sedimentmaterial
taut subglazial ohne Druckeinwirkung aus; vgl. dazu A. Dreimanis, 1976, und Fig. 13.)
Die Oberfläche des Sedimentes G zeigt mehrere 1 bis 2m mächtige
wellenförmige Erhöhungen (vgl. Abb. 1). Anlässlich einer ge-
meinsamen Exkursion mit Ch. Schlüchter wurden diese als "flutes"
interpretiert, die hier im Querschnitt aufgeschlossen sind. Es
handelt sich um das erste Beispiel einer "fluted surface" im
Schweizer Mittelland.
Aehnliche, wenn auch grössere Formen von mehreren Dekametern
Höhe, werden unter diesem Begriff von John Shaw, 1975/1977, und
anderen beschrieben und wie folgt erklärt:
Die Formung der Grundmoräne zu langgestreckten parallelen Wällen geht auf die teilweise Erosion derselben oder auf unter-
schiedlichen Transport und Ablagerung von Geschiebelehm zurück.
Der Grund dafür ist nach Shaw sekundäres Eisfliessen. Helicoi-
dale Fliessstrukturen führen zu geradlinigen Bändern von Geschie-
beanhäufungen parallel zur Richtung des Eisfliessens. Dabei
soll das Eis zur Zeit der Entstehung von "flutings" relativ
dünn sein. Shaw nimmt an, dass sich unter diesen Umständen
bildende, längsgerichtete Gletscherspalten für Druckunterschie-
de verantwortlich sind, die den Sekundärfluss erzeugen.
Bezüglich der Genese ist das Fehlen von Verwitterungszonen in
der Grundmoräne s.l. wichtig. Eine Verwitterungszone würde bedeuten, dass die Grundmoräne längere Zeit (z.B. während eines
Interglazials) der Verwitterung ausgesetzt war.

Abb. 1: westlichste Grube Embrach (Koord: 687'15o/263'1oo):

"flutes" (zu G und F vgl. Fig. 1o)

Die Grundmoräne (G) ist zu einem symmetrischen Wall angehäuft.
Grössere, parallel zueinander angeordnete, langgestreck-
te Wälle von mehreren Dekametern Höhe können in Finn-
land und Nordamerika über Kilometer hinweg verfolgt
werden. Sie werden als "flutes" oder "flutings" bezeichnet (R. Ario, 1977; J. Shaw, 1975/77).
In unserem Falle sind die Formen wesentlich kleiner
und nur im Querschnitt aufgeschlossen. Immerhin lässt
ihre Anordnung auf eine Längserstreckung von Nordosten
nach Südwesten schliessen.
(Zur Genese vgl. vorangehende Seite)

Die Groblage

Die Groblage liegt entweder direkt den Unteren Schottern, der Grundmoräne s.l. oder fluviatilen Sedimenten im Hangenden derselben auf, zu denen auch die sehr feinkörnigen, gut sortierten Schotter im Südwesten des aufgeschlossenen Gebietes (westlichste Grube, Ablagerung E; vgl. Fig. 1o) gehören. Sie können genetisch durchaus dem Sediment F nahestehen, d.h. beim weiteren Abschmelzen des Eises vermochten die Schmelzwasser kleine Sander zu schütten. Trotzdem ist es sinnvoll, sie mit der Groblage zur selben lithologischen Einheit zusammenzufassen (vgl. Kap. B.1.1.1.).
Die Groblage besteht aus kantengerundetem bis gerundetem Schotter (Fraktion 2 bis 7cm) und groben Steinen (über 7cm; vereinzelt gekritzt), sowie Blöcken alpinen Materials und aus der Molasse. An gewissen Stellen nimmt Zahl und Grösse der Molassesandstein- und Molassemergelblöcke stark zu, und es treten Blöcke von bis 1/4 m3 auf. Dabei überwiegt das in dieser Gegend anstehende Material stark. Die Porosität dieses Sedimentes ist recht hoch, und verschiedentlich erkennt man unschwer, wie fliessendes Wasser feinkörnige Schotter und kleinere Partikel an die Blöcke angelagert hat (Einschwemmungen; vgl. Abb. 2).
Die Groblage lässt sich am Aufschluss, sowie morphometrisch und petrographisch gliedern (vgl. Fig. 1o). Auskeilende Sandbändchen dokumentieren eine Phase geringer Wasserführung zwischen einer Unteren und einer Oberen Groblage. Beide Groblagen weisen einen geringen Anteil an Lintherratikum auf, während das Rheinerratikum in der Unteren Groblage einen leicht höheren Wert erreicht (vgl. Tab. 1; statistisch kein signifikanter Unterschied).

Die Oberfläche der Groblage ist, soweit erkennbar, eben und liegt überall auf ca. 419m ü.M. Es ist keine Verwitterungszone zu beobachten. Die beige-bräunliche Farbe der Groblage ist dem hohen Anteil der Molassemergel- und Sandsteinbruchstücke zuzuschreiben. Die Grenze zu den hangenden Schottern ist in der westlichsten Grube markant.

Grobblockige Horizonte, in der Art, wie sie von L. Ellenberg, 1972, beschrieben wurden, konnten keine beobachtet werden.

L. Ellenberg, 1972, schreibt S. 24: "Grobblockige Horizonte, bestehend aus normalem Schotter und bis 7ocm grossen, kantengerundeten Sandsteinbrocken, von Lufingen an zu verfolgen (also nicht von Oberembrach her geschüttet), in verschiedenen Niveaus, 1 - 4m mächtig, oft mehr als 5oom in Talrichtung zu verfolgen. Die Rundung der Komponenten, die durch die Strömung steilgestellten Längsachsen und das Fehlen von gekritzten Blöcken schliessen eine Genese als Moräne aus, es handelt sich wohl um murgangähnliche Ablagerungen, wie sie beim Auslaufen eines Gletschersees entstehen können. In ihnen finden sich häufig tonige Gerölle. (Dies muss nicht als Indiz für Transport unter kaltzeitlichen Bedingungen gewertet werden, da Tongerölle auch in den Molasseablagerungen häufig sind (mündl. Mitt. R. Hantke und L. Mazurczak)."

Abb. 2: östlicher Teil der grössten Grube (Koord: 687'2oo/263'25o) Die Grundmoräne (G) keilt gegen Osten aus und geht im Bereich der Abb. 2 in eine feinkörnige, geschichtete Ablagerung aus Sand, Silt und Ton über (F). Darüber liegen feinkörnige Schotter (E), auf welche ohne Diskordanz die Untere Groblage (C) folgt (vgl. Fig. 1o).

Die Oberen Schotter

Es handelt sich dabei um ca. 8m mächtige, feinkörnige Schotter.
Sie sind an der Basis gut gerundet, mit einer grossen Streuung
der Zi-Werte. Gegen das Dach hin nimmt der Median der Zurundungswerte leicht ab. Der Anteil des Lintherratikums liegt um
1%, der des Rheinerrratikums über 3% (vgl. Tab.1 und Fig.11).

Wo Deltastrukturen erkennbar sind, weisen sie auf eine
Schüttung aus Osten bis Nordosten (also aus dem Tösstal) hin.
Situgramme unterstützen diese Beobachtung (vgl. Fig. 9).
Indizien für eine Schüttung vom Tösstal her findet man ferner
in der Oberflächenform des nordöstlichen Embracher-Schotterfeldes und im Verlauf des Wildbaches. Von der Ziegelhütte geht
ein nach Westen einfallender Schwemmfächer aus, der den Wild-
bach an den westlichen Talhang abdrängte.
Das Embracher-Schotterfeld scheint aus mehreren weit ausgrei-
fenden Schwemmfächern aufgebaut zu sein und nicht eine einheitliche Schotterebene mit nur einer "Einspeisungsstelle" darzustellen.

Fig. 9 : SITUGRAMME UND SCHUETTUNGSAZIMUTE

Dach der Oberen Schotter   Groblage
687'2oo/263'2oo   687'18o/263'25o   687'18o/263'25o

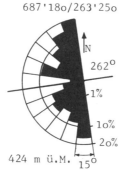
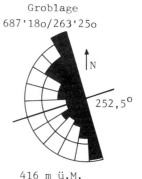

425 m ü.M.   424 m ü.M.   416 m ü.M.

Fig. 1o: QUERPROFIL DURCH DEN AUFGESCHLOSSENEN TEIL DES EMBRACHER-SCHOTTERFELDES BEI EMBRACH

A = Oberer Schotter   B = Oberer Teil der Groblage   C = Unterer Teil der Groblage

D = Sandbändchen (teilw. auskeilend)   E = feinkörniger Schotter

F = feinkörnige, geschichtete Ablagerung aus Sand, Silt und Ton (feinkörnige Fazies der Grundmoräne s.l.)

G = unsortierte Fazies der Grundmoräne s.l. (flutes nur im N-S - Profil zu erkennen)

H = Unterer Schotter

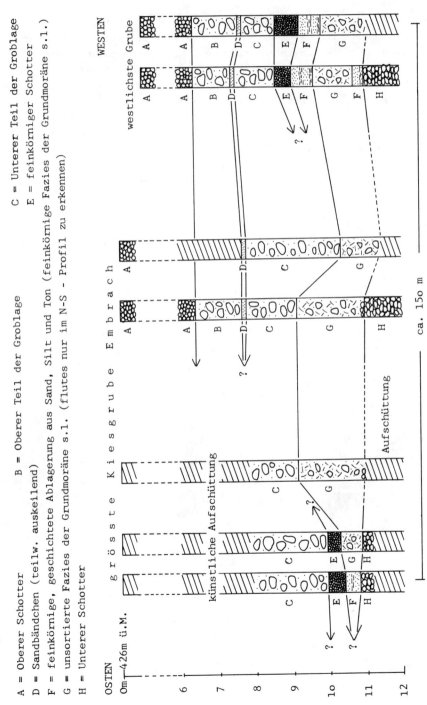

Abb. 3: westlichste Kiesgrube Embrach
(Koord: 687'15o/263'1oo)

A = Oberer Schotter
B = Oberer Teil der Groblage
C = Unterer Teil der Groblage
D = Sandbändchen (Teilw. auskeilend)
E = feinkörniger Schotter
F = feinkörnige, geschichtete Abla-
    gerung aus Sand, Silt und Ton
    (feinkörnige Fazies d. GM s.l.)
G = unsortierte Fazies der Grundmorä-
    ne s.l.
H = Unterer Schotter

Abb. 4: grösste Kiesgrube Embrach →
    (Koord: 687'2oo/263'25o)
    aufgelassen

    Legende wie oben

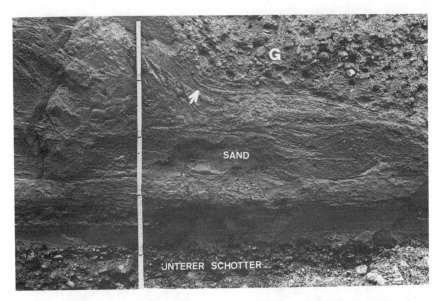

Abb. 5: westlichste Grube Embrach, Westwand (687'15o/263'1oo):
"Current-beddings"(Pfeil) beim Kontakt Sand - G
(Grundmoräne) schliessen eine Formung durch Erosion aus.
Damit ist die Entstehung beider Ablagerungen als basal
melt-out till belegt. (vgl. Abb. 3 und Fig. 1o)

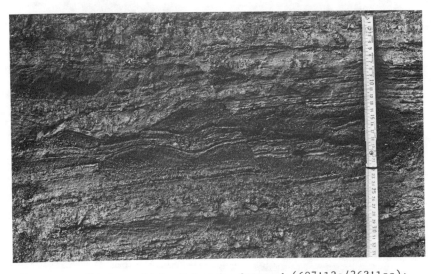

Abb. 6: westlichste Grube Embrach, Ostwand (687'13o/263'1oo):
Verwerfung in sandigen Silten mit Tonbändchen (basal
melt-out till) im Hangenden von G : Die Sedimentation
erfolgte auf Toteis, das später abschmolz und somit
zur Verwerfung führte. (vgl. Abb. 3 und Fig. 1o)

Fig. 11 : ZURUNDUNGSWERTE UND VERTEILUNG DES ERRATIKUMS
Proben von Embrach: 16 - 21

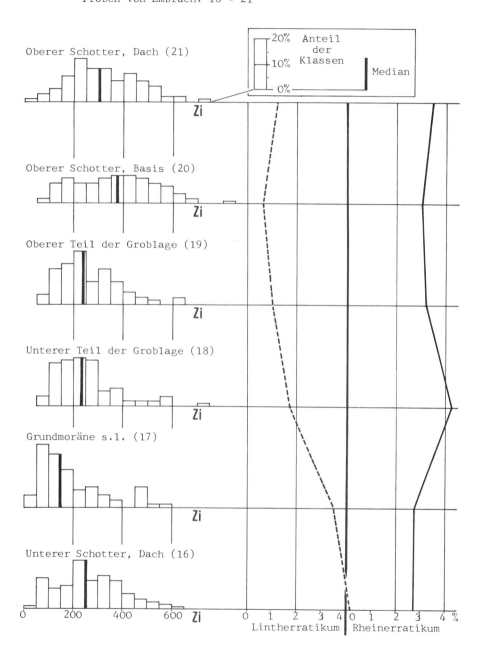

1.1.2. Die Kiesgruben bei Lufingen (Koord: 687-688/26o-261, ca.441)

Zwei grosse Gruben gewähren einen guten Einblick in den Aufbau des südlichen Embracher-Schotterfeldes. Im Gegensatz zur
komplizierten Abfolge verschiedener Sedimente bei Embrach beobachtet man hier auf eine vertikale Distanz von 15 - 18m visuell kaum gliederbare, geschichtete, feinkörnige Schotter. Das
Liegende ist nicht aufgeschlossen.
Beim Abbau unterscheidet man ein oberes, ca. 12m mächtiges Pa-
ket "schmutzigen" Schotters (durchsetzt mit Molassemergelbruch-
stücken) und ein unteres mit gut sortierten Schottern mit klei-
nerem Anteil der Sand- und Tonfraktion.
Die morphometrischen und petrographischen Daten sind in Fig.12
dargestellt. Die Gliederung in einen Unteren und Oberen Schotter,
wie dies bei Embrach möglich war, wird auch hier methodisch bestätigt.
Bislang sind die Schotter im Embracher-Schotterfeld nicht gegliedert und die bei Embrach aufgeschlossenen stets mit jenen
bei Lufingen verknüpft worden (vgl. L. Ellenberg, 1972).
Wie oben schon erwähnt, stellt das Embracher-Schotterfeld keine
einheitliche Ebene dar. Es ist ein Einfallen der Oberfläche in
zwei Richtungen zu beobachten:
- von Oberembrach gegen Nordwesten,
- von der Nordostecke des Embracher-Schotterfeldes (Ziegelhütte)
  gegen Westen und Südwesten.
Somit sind zumindest die obersten, formgebenden Schottermassen
aus zwei Richtungen geschüttet worden (vgl. Fig.9). Dass der
Obere Schotter von Embrach nicht mit dem Oberen Schotter von
Lufingen gleichgesetzt werden darf, ergibt sich schliesslich,
wie oben angetönt, aus den petrographischen und morphometrischen Untersuchungen (vgl.Fig.11 und Fig.12): Während die Zurundung bei Lufingen gegen oben zunimmt, erkennt man bei Embrach
eine Abnahme. Der Anteil des Lintherratikums ist bei Lufingen
mit 2.5% bzw. 1.8% signifikant grösser als bei Embrach (0.6%/1.1%).

Dagegen zeigen die Unteren Schotter bei Embrach und Lufingen hinsichtlich der petrographischen Zusammensetzung eine gute,
wenn auch nicht signifikante Uebereinstimmung. Der Vergleich der
morphometrischen Werte ist über die horizontale Distanz von 2.5km
nicht ohne weiteres möglich.(Das genaue Mass für die Zunahme der Zurundung ist unbekannt.) Eine Korrelation kann nicht belegt werden.

Fig. 12 : ZURUNDUNGSWERTE UND VERTEILUNG DES ERRATIKUMS

Proben von Lufingen: 22 - 24

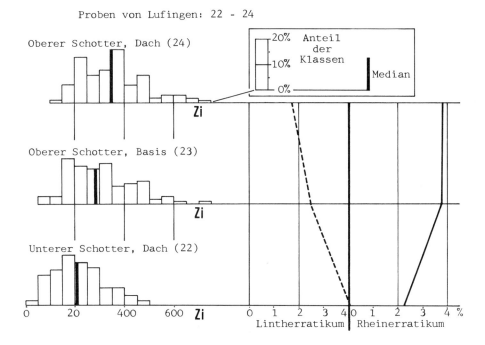

Proben aus der Stelzen - Terrasse: 25, 26

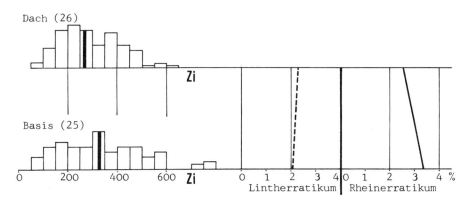

1.1.3. Der Aufschluss bei Kohlschwärze (688'4oo/264'1oo, 422)

Im Zusammenhang mit dem Bau der Bahnunterführung bei Kohlschwärze war Ende 1973 der Einblick in den Aufbau der obersten 5m möglich.
Unter Gehängelehm liegen einige dm feinkörnigen Schotters mit
recht hohem Sand- und Tongehalt. Die fluviatile Prägung überwiegt. Ab etwa Kote 422 folgt eine Groblage. Sie besteht aus
Sand, kleinen Geröllen und kantengerundeten Blöcken (hoher Anteil der Molassegesteine), die vielfach über kopfgross sind.
Deutliche Kratzer fehlen. Im östlichen Teil der Baugrube war
das Liegende der Groblage aufgeschlossen. Es handelt sich um
feinkörnige Schotter, die wie die oberen fluviatil geprägt und
kaum geschichtet sind. Die Groblage hat eine Mächtigkeit von
2.8om. Das Liegende der feinkörnigen Unteren Schotter war nie
aufgeschlossen.

Obere Schotter

Groblage

Untere Schotter

Abb. 7: Kohlschwärze, Westwand (Koord: 688'4oo/264'1oo, 418):
Die Groblage mit einzelnen besonders mächtigen Molasse-
sandsteinblöcken (teilweise abgerutscht) liegt zwischen den feinkörnigen Oberen und Unteren Schottern.
(Messstab = 1m)

Anhand von Bohrprotokollen (H. Jäckli, 1974) kann das Bild wie
folgt ergänzt werden:
- Die Schotter sind teilweise stark lehmig.
- Die Schotteroberfläche fällt mit ca. 5% gegen N ein. (Eine
  Schüttung der Schotter aus Richtung Süden kann im Bereich des
  Aufschlusses aus morphologischen Gründen ausgeschlossen wer-
  den. Somit dürften die Schottermassen zum Teil abgerutscht
  und/oder teilweise erodiert worden sein. Vgl. Kap. B.1.5.3.)

Abb. 8: Kohlschwärze, Nordwand (Koord: 688'4oo/264'1oo, 42o):
Detailaufnahme der Groblage (Messstab = 1m)

1.1.4. Rekonstruktion der Genese des Embracher-Schotterfeldes

Die Rekonstruktion umfasst die Erklärung der Genese der in den Kapiteln B.1.1.1. bis 1.1.3. genannten lithologischen Einheiten. Sie wird später im Kapitel B. 1.5. in einen grösseren Zusammenhang gestellt.

Untere Schotter - Vorstossschotter

Folgende Kriterien für einen Vorstossschotter (nach Ch. Schlüchter, 1976/77/78) sind erfüllt:

- Die lithologische Kontinuität zur hangenden Grundmoräne s.l. kann beobachtet werden (in der grössten Grube Embrach, Koord: 687'16o/263'25o).
- Die glazigene Prägung der Schotter ist erheblich, wie aus den morphometrischen Untersuchungen hervorgeht (Zi-Median: 255, Ai-Median: 17o; vgl. Fig.11 und Tab. 1).
- Die Verteilung der Zi-Werte im Histogramm ist charakteristisch mit einem deutlichen ersten Modus (vgl. Ch. Schlüchter, 1977/78). Dieser entspricht dem eingearbeiteten glazigenen Material.
- Die geröllpetrographischen Werte stimmen gut mit jenen der hangenden Grundmoräne s.l. überein.

Obwohl die Basis der Schotter nicht aufgeschlossen ist und damit weitere Kriterien fehlen, ist deren Beurteilung als Vorstossschotter naheliegend.

Da gewichtige Gründe dafür sprechen, dass die hangende Grundmoräne s.l. durch einen vom Tösstal her vorstossenden Gletscherlappen gebildet wurde (vgl. nächstes Kap.), gilt das gleiche für die Unteren Schotter bei Embrach. Dabei kann nicht ausgeschlossen werden, dass die Schüttung gleichzeitig aus Richtung Oberembrach und Lufingen erfolgte. Wie im Kapitel B. 1.1.2. erwähnt, besteht eine gute Uebereinstimmung hinsichtlich der petrographischen Zusammensetzung zwischen den Unteren Schottern von Embrach und jenen von Lufingen.

Grundmoräne s.l. - basal melt-out till

- Einleitung:

Ueblicherweise wird das Grundmoränenmaterial deshalb aus dem Eis ausgeschieden, weil dieses infolge des hohen Druckes an der Basis schmilzt.

Unter dem Begriff "basal melt-out till" versteht man eine, durch

subglaziales Austauen entstandene Grundmoräne. Das Eis schmilzt
infolge der"Erdwärme"an der Basis, besonders dann, wenn der Eis-
fluss stagniert. Das Schuttmaterial wird dabei langsam abgesetzt,
ohne dass Schmelzwasser fliesst (vgl. A. Dreimanis, 1976). Es
entsteht ein Sediment, bestehend aus Feinmaterial jeder Korngrösse und Geschieben. Dies entspricht der allgemeinen, unsortierten
Fazies der Grundmoräne s.l. (vgl. Kap. B. 1.1.1.).
Tauen feinmaterialreiche, geschiebearme Eiszonen aus, so entsteht
eine feinkörnige Fazies von basal melt-out till (vgl. A. Dreimanis, 1976), die geschichtet sein kann.

Fig. 13: SCHEMATISCHE DARSTELLUNG ZUR ENTSTEHUNG VON BASAL MELT-
OUT TILL (vgl. Abb. 5):

Phase 1:   Phase 2:   Phase 3:

        im Eis (■) eingefrorenes Material:
        Ton, Silt, Sand und Geschiebe

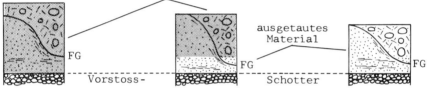

FG = "Fazies-Grenze": Grenze zwischen der unsortierten und der
        feinkörnigen Fazies von basal melt-out till

Fliesst Schmelzwasser weg, so wird zumindest das Feinmaterial
ausgewaschen, allenfalls gar das Geschiebematerial verschwemmt.
- Untere Schotter - Grundmoräne s.l:
Wie schon im vorangehenden Kapitel erwähnt, ist die petrographische Zusammensetzung der Grundmoränengeschiebe (2 bis 7cm) sehr
ähnlich jener der Gerölle der Unteren Schotter.
Im Histogramm (Morphogramm) der Zi-Werte der Grundmoräne s.l.
(Geschiebegrösse: 2 bis 7cm) erkennt man einen deutlichen Nebenmodus (vgl. Fig.11, Zi: 451-5oo). Es handelt sich dabei um aus
dem Unteren Schotter aufgearbeitetes Material.
Ausbildung und Zusammenhang der beiden Histogramme (vgl. Fig.11)
sind nach Ch. Schlüchter, 1977/78, typisch für Vorstossschotter
und Grundmoräne ein und desselben Gletschervorstosses.
- Vorrücken des Rhein-Thur-Gletschers von Pfungen her:
Die Grundmoräne s.l. ist offenbar nur noch reliktisch vorhanden.

Sie lässt sich trotz mehrerer Bohrprofile nicht weiterverfolgen.
Damit muss die Frage, woher der Gletscher vorstiess, ohne abschliessende Antwort bleiben. Verschiedene Indizien sprechen
aber doch für ein Vorrücken des Rhein-Thur-Lappens von Pfungen
her: - Ein zwischen Irchel und Blauen eingeengter Gletscher
    könnte sich beim Austritt ins weite Embracher Schotter-
    feld fächerförmig ausgebreitet haben. Damit liesse sich
    das Auskeilen der Grundmoräne s.l. gegen Westen, Süden
    und Osten erklären.

- Die im Zusammenhang mit dem Abschmelzen des Eises ein-
  setzende Erosion der Grundmoräne s.l. dürfte in diesem
  Falle v.a. die nordöstlichen und nördlichen Teile betroffen haben und damit für ihr nur reliktisches Vorkommen
  verantwortlich sein.

- Die im Querschnitt aufgeschlossenen flutes weisen auf eine
  NE-SW-Bewegung des Eises hin.

Die Groblage

Es sei vorausgeschickt, dass deren Schüttung mit grosser Wahrscheinlichkeit von Nordosten, also vom Tösstal her erfolgte. Dies
geht aus dem Situgramm (vgl. Fig. 9)sowie aus der Tatsache her-
vor, dass die Groblage in leicht höherem Niveau (422-419 m ü.M.)
bei Kohlschwärze aufgeschlossen war (bei Embrach: 419.5o-416).

Wie aus den topographischen Verhältnissen und der Richtung der Entwässerungsrinnen einerseits und der wahrscheinlichen
Ausdehnung des Eises andererseits hervorgeht, wurde der Abfluss
der Schmelzwasser zumindest behindert, wenn nicht sogar unter-
bunden (vgl. Kap. B.2.3.). Mit dem Abschmelzen des Eises dürften
sich ein oder gar mehrere Eisrandstauseen entleert haben. Es muss
sich dabei um gewaltige Wassermassen gehandelt haben, wie aus der
Verbreitung und der Menge des Grobmaterials (Blöcke bis 1/4m3)
geschlossen werden kann. Es drängt sich ein Vergleich mit den
Jökullhaups* auf.

* Der Begriff "Jökullhaups"(teilw. abweichende Schreibweise)
  stammt aus dem Isländischen und bedeutet "Gletscherläufe". Man
  versteht darunter gewaltige Schmelzwassermengen, die in kurzer
  Zeit infolge vulkanischer Tätigkeit frei werden (F. Wilhelm,
  1975). Jökullhaups werden nicht immer eindeutig von anderen
  katastrophalen Gletscherhochwassern getrennt (z.B. von D. Ri-
  chardson, 1968; zitiert in F. Wilhelm, 1975).

Im Zusammenhang mit diesen katastrophalen Wasserausbrüchen wurden Moränenmaterial und Schotter v.a. dem südlichen Eisrand entlang verschwemmt. Hinzu kam Rutschmaterial von den benachbarten Hängen, das dem Erhaltungszustand von Mergelbrocken zufolge zuweilen nur über kurze Distanz transportiert wurde. Tatsächlich ist in einem Bohrprofil von der Nordwestecke des Blauen eine 7m mächtige Ablagerung als murgangähnlich interpretiert worden. Niveaumässig stimmt sie mit der Groblage überein.

Die Befunde der Bohrungen (H. Jäckli, 1978) aus dem mittleren und südlichen Embracher-Schotterfeld lassen sich vorläufig wie folgt interpretieren:

- Die Groblage erreicht Embrach-Oberdorf, nicht aber die geographische Breite von Lufingen.
- Ihre Oberfläche fällt gegen Süden ein.
- Eine andere, bei Oberembrach aufgeschlossene, murgangähnliche Ablagerung entspricht kaum unserer Groblage, da sie in Bohrungen zwischen Lufingen und Rebhalde nicht mehr erscheint.

Die gesamte Groblage im nördlichen Embracher-Schotterfeld ist offenbar während mehrerer (2 sind belegt) Hochfluten mit zwischengeschalteten Ruhephasen - Bildung von Sandbändchen - entstanden. Die vereinzelt zu beobachtenden,feinkörnigen Schotter im Liegenden der Groblage dürfen als fluviatile Ablagerungen (Sander-Relikte) in kleinen Schmelzwasserrinnen gedeutet werden. Sie entstammen einer Abschmelzphase, die schliesslich zum ersten Hochwasser führte.

Die Oberen Schotter

Wie schon dargelegt, scheint deren Schüttung von Pfungen her wahrscheinlich. Dabei kann nicht ausgeschlossen werden, dass Schmelzwasser aus Richtung Süden die Sedimentation beeinflusst und Schottermaterial beigesteuert hat.

Das Histogramm der Zi-Werte einer Basisprobe der Oberen Schotter weist einen deutlichen ersten Nebenmodus auf (vgl. Fig.11). Dieser belegt die Aufarbeitung von glazigenem Material, das vermutlich der Groblage entstammt.

Die Groblage entstand während einer generellen Abschmelzphase des Gletschers. Dabei herrscht weder über deren Dauer, noch über die minimale Ausdehnung des Eises Klarheit. Im Kapitel C. wird eine räumliche Abgrenzung des Rhein-Thur-Lappens versucht.

Der unterste Teil der Schotter entstand wohl noch während des
Zurückschmelzens des Gletschers. Ein erneuter Vorstoss ist aber
durch die Abnahme der Zurundungswerte gegen das Dach hin belegt.

Aus Gründen, die im Kapitel. B.1.5. genannt werden, ist
ein längeres Verweilen des Gletschers unterhalb Dättlikon, im
Gebiet Kohlschwärze-Blindensteg, anzunehmen.

Die Aufschotterung endete rasch, ohne dass es zur Entstehung
eines Rückzugsschotters kam. Dies dürfte auf eine grundsätzliche
Laufänderung der Schmelzwasser zurückzuführen sein. Sie vermochten lediglich noch die nördlichsten, leider nicht aufgeschlossenen Teile des Embracher-Schotterfeldes umzugestalten. Ellenberg, 1972, interpretiert dieses heute etwa 4-5m tiefer liegende Gebiet nördlich der Bahnlinie als von der Töss eingetiefte
Erosions-Terrasse.

Zusammenfassung

- Während eines Vorstosses des Rhein-Thur-Lappens von Pfungen
  her in seinen externsten Bereich wurden im Vorfeld die
  Unteren Schotter des Embracher-Schotterfeldes geschüttet.
- Der Gletscher breitet sich nach der Engstelle unterhalb
  Dättlikon fächerförmig aus und legt sich auf einen Teil der
  Vorstossschotter (Untere Schotter bei Embrach). Mächtigkeit
  und Eisbewegung sind gering. Basal melt-out till unterschiedlicher Fazies entsteht.
- Beim katastrophalen Auslaufen von Gletscherrandstauseen (Rums-
  tal - Dättnau?) wird Glazialschutt und Rutschmaterial entlang
  des südlichen Eisrandes verschwemmt und als Groblage deponiert.
  In diesem Zusammenhang oder während vorangehender oder nach-
  folgender Abschmelzphasen wird ein Grossteil der Grundmoräne
  s.l. erodiert.
- Nach einer Abschmelzphase stösst der Gletscher nochmals vor,
  erreicht jedoch das Embracher-Schotterfeld nicht mehr. Seine
  Schmelzwasser schütten wenigstens teilweise die Oberen Schotter.
  Hierauf schmilzt der Gletscher bis östlich Winterthur zurück.

Schlussbemerkungen zum Kapitel B. 1.1.4.

Die hier vorliegende Rekonstruktion der Genese stellt einen Versuch dar. Für eine abschliessende Antwort ist eine gründliche
Bearbeitung sämtlicher Ablagerungen im gesamten Embracher Schotterfeld notwendig. Dies war im Rahmen der vorliegenden Arbeit
nur beschränkt möglich.

Es stellt sich in diesem Zusammenhang die Frage nach allfälligen
Krustenbewegungen im Raume des Unteren Tösstales. Diese könnten
zu Veränderungen der Abflussverhältnisse, der Einfallsrichtungen
von Terrassen etc. führen.

Wie im Kapitel B.3.2. erwähnt, zieht eine Hauptflexur von Embrach
gegen Pfungen. Nach U. P. Büchi, 1958, entspricht die Flexur der
Grenze zwischen dem Molassetrog s.str. und dem Schwarzwaldmassiv
s.l. So könnte sich möglicherweise seit der Würmeiszeit der Molassetrog insgesamt gegenüber dem Schwarzwaldmassiv gehoben haben.
Dies würde beispielsweise bedeuten, dass das Embracher Schotterfeld einst gegen Süden einfiel. Das gleiche gilt für die Stelzen-
Terrasse (vgl. Kap. B.1.2.).

Rezente Krustenbewegungen konnte E. Gubler, 1976, anhand des Lan-
desnivellementes belegen. Im Alpenraum erreicht die jährliche
Hebung bei Brig den höchsten Wert mit 1.7mm. Bei Rümlang (?) hebt
sich die Kruste, während sie bei Neuhausen absinkt (Hebungen und
Senkungen beziehen sich auf die Referenzgruppen bei Aarburg - vgl.
E. Gubler, 1976.).

Krustenbewegungen stellen möglicherweise einen nicht zu unter-
schätzenden Unsicherheitsfaktor dar.

1.2.   Die Stelzen - Terrasse

Die markante Terrasse am rechten Abhang des untersten Tösstales
erstreckt sich von Unter-Teufen etwa 2km gegen Südosten. In
neueren Arbeiten (L. Bendel, 1923; A. Weber, 1928; R. Hantke,
1967; L. Ellenberg, 1972) wird sie dem Niveau des Embracher-
Schotterfeldes zugeordnet und genetisch mit diesem verknüpft.
Deshalb soll hier, obwohl ausserhalb des Arbeitsgebietes liegend,
die Stelzen-Terrasse kurz besprochen werden.

1.2.1. Die Befunde

Die Terrasse ist nur bei Unter-Teufen (Koord: 684'75o/267'25o,
412) gut aufgeschlossen.
Unter ca. 2m feinkörnigen Schotters mit wenigen grösseren Steinen folgt ohne erkennbare Diskordanz schlecht sortiertes Material. In mittel bis schlecht gerundetem Schotter liegen viele
Blöcke mit einem Durchmesser von bis 5ocm. Die Blöcke sind in
der Regel kantengerundet und ziemlich unregelmässig verteilt.
Sie bestehen zu etwa 2/3 aus Molassematerial. Bei den alpinen
Gesteinen handelt es sich zum grössten Teil um Material des Hel-
vetikums. Nicht selten sind Sernifite und Taveyannazsandstein-
brocken. Die morphometrischen und petrographischen Werte sind
in Fig. 12 dargestellt.
Auch Ellenberg, 1972, beschreibt den Aufbau dieser Grube, und
er erkennt drei Groblagen. Sie sind heute nicht mit Sicherheit
auszumachen.

1.2.2. Interpretation

A. Weber, 1928, und L. Ellenberg, 1972, erklären die Einlagerung
von Blöcken durch Rutschungen und Abspülungen von den steilen
Seitenhängen in die feinkörnigen Schotter hinein. L. Bendel,
1923, bezeichnet vermutlich dieselben Blockzonen als Moränen-
einlagerungen. Danach hätte sich der Gletscher der Würmeiszeit
bis Teufen ausgedehnt.
Die Stelzen-Terrasse etwa den Hochterrassen zuzuzählen, scheint
infolge ihrer Höhenlage unwahrscheinlich,aber nicht ausgeschlossen.
Warum die Erklärungen der oben genannten Autoren nicht zu befrie-
digen vermögen, soll im folgenden dargelegt werden:
Gegen ein blosses Einschwemmen oder Hineinrutschen des Blockma-

terials von den benachbarten Hängen spricht:
- 1/4 bis 1/3 der Blöcke und Steine stammt nicht aus der Molasse.
  Wie aber kommen diese alpinen Gesteine an die Talhänge, von
  denen sie später in die Schotter hineinrutschen konnten? Sie
  müssten während der grössten Eiszeit dort deponiert worden
  sein. Damit lässt sich aber ihr ausgezeichneter Erhaltungszustand nicht vereinbaren.
- Die Blöcke sind zumeist kantengerundet. Sie sind also, wenn
  auch nur über kurze Strecken, fluviatil transportiert und/oder
  umspült worden.
- In vergleichbarer Lage (Schotterfeld am Fusse eines Steilhan-
  ges) fehlen Blöcke: So z.B. sind die Schotter des Winterthurer-
  Schotterfeldes, bei Pfungen am Fusse des Multberges, frei von
  Blöcken.
- Wenn die seitliche Einschwemmung so intensiv gewesen wäre,
  würden wohl die grobblockigen Horizonte wie auch die Terras-
  senoberfläche stärker zur Töss hin einfallen.

Gegen eine in situ Ablagerung durch den Gletscher spricht:
- Die Blöcke sind zu gut gerundet und nur vereinzelt leicht geschrammt.
- Es ist kein Grundmoränenmaterial, auch nicht reliktisch, zu
  erkennen.
- Gerölle zwischen 2 und 7cm zeigen keine deutlichen Kratzer.
Die momentan in der Kiesgrube bei Teufen aufgeschlossenen Ablagerungen können als fluviatil bis fluvioglazial bezeichnet werden. Grosse Wassermengen scheinen die Voraussetzung für die Bildung der Blockhorizonte darzustellen. Es ist nicht auszuschliessen, dass teilweise Blockmaterial von den Abhängen mit den Schottern vermischt wurde.
Wo lag nun der Gletscher während der Bildung der Stelzen-Terrasse?
      Geht man davon aus, dass die Stelzen-Terrasse tatsächlich
letzteiszeitlich entstanden ist, muss sie von der Maximallage
aus geschüttet worden sein.
J. Hug, 19o7, vermutet die Maximallage o.5km südlich Rorbas. Folgendes spricht für diese Annahme:
- Ausbildung und Aufbau der Schotter der Stelzen-Terrasse,
- die reliktisch vorkommende Grundmoräne im nördlichen Embracher-
  Schotterfeld,
- Häufung von Erratikern südsüdwestlich von Rorbas (A.Weber,1928).

Zwei wichtige Fragen konnten nicht beantwortet werden:
- Wurde die Stelzen-Terrasse evt. grösstenteils von Rüdlingen
  aus geschüttet?
  L. Bendel, 1923, erwähnt einen Aufschluss 5oom nördlich Unter-
  Teufen. Auf einer Höhe von 4oom (alter Horizont) sei eine Seitenmoräne von frischem Aussehen zu beobachten. In den Lehm-
  schmitzen finde man sehr stark gekritzte Gerölle.
  Nördlich Freienstein sind in einer Kernbohrung (P. A. Haldimann, 1978) Schotter aufgeschlossen worden, die ähnlich aufgebaut sind wie jene der Stelzen-Terrasse. Ihre Obergrenze
  liegt hier auf ca. 4o8m ü.M., bei Teufen auf ca. 412m ü.M.
  Wenn die Schotter nördlich Freienstein nicht stärker erodiert
  wurden oder abgerutscht sind, heisst dies, dass die Fortsetzung
  der Stelzen-Terrasse gegen Süden einfällt.
  Die morphometrischen und petrographischen Untersuchungen (dargestellt in Fig. 12) lassen keinen eindeutigen Schluss zu.
  W. A. Keller, 1977, nennt teilweise ähnliche Werte für das
  Linth- und Rheinerratikum. Aber auch im Embracher-Schotterfeld treten Sedimente mit entsprechender petrographischer Zusammensetzung auf.

Abb. 9 : Kiesgrube bei Unter-Teufen (Koord: 684'75o/267'25o)
         Blick gegen SW, Situation im Frühling 1977

- 51 -

Auch mit Einregelungsmessungen kann in diesem Fall die Schüttungsrichtung kaum bestimmt werden. Dies ergaben zwei Probemessungen in den Schottern der Stelzen-Terrasse (vgl. Fig. 14).
Bei entsprechendem Mäandrieren der Schmelzwasserläufe ist eine
Schüttung sowohl von Norden als auch von Süden her denkbar.
- Wie stark sind die Gefällsverhältnisse durch Krustenbewegungen
  verändert worden (vgl. Kap. B.1.1.4.)?

Fig. 14: EINREGELUNGSMESSUNGEN IN DER STELZEN-TERRASSE

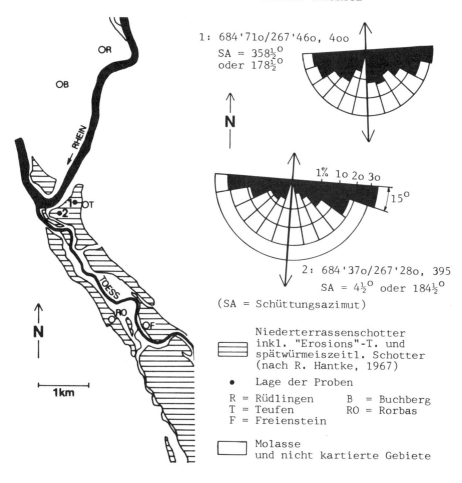

1.3. Das Tal zwischen Dättlikon und Freienstein

A. Heim, 1919, L. Bendel, 1923, und A. Weber, 1928, postulieren
einen Schotterstrang zwischen Dättlikon und Freienstein.

A. Weber, 1928, bringt die Schotter bei Dättlikon damit in Zusammenhang und vermutet die Molasseunterlage derselben tiefer
als 4oom ü.M.

L. Ellenberg, 1972, schliesst sich den genannten Autoren an und
erwähnt Schotter von eisrandnaher Fazies in einem Anriss der
Riethalde.

Hydrogeologische Untersuchungen (4 Kernbohrungen wurden abge-
teuft), die von Dr. P. A. Haldimann (Mitarbeiter des Büros von Prof.
Dr. H. Jäckli) 1978 durchgeführt wurden, haben u.a. folgendes
ergeben:

- Von einer durchgehenden Rinne zwischen Dättlikon und Freienstein kann nicht die Rede sein. Die Molasseoberfläche liegt
  nördlich Geltenbüel auf 427m ü.M. und fällt mit etwa 1-3%
  gegen WNW ein.
- Nördlich Geltenbüel liegt auf der Molasse ein 2m mächtiges
  Schotterpaket. Darüber folgen in der unteren Hälfte ein Sediment, das als Grundmoräne bezeichnet werden kann, und im
  oberen Teil Schwemmlehme.
- Gegen Westen werden die Schotter rasch mächtiger, während die
  Grundmoräne nicht mehr zu erkennen ist.
- Auf der Höhe des Burghügels Freienstein schliesst ein an der
  Oberfläche nicht erkennbares Hindernis das Tal gegen Nordwesten
  ab, so dass das Grundwasser etwa auf der Höhe des Jugendheimes
  nach Freienstein hin abfliesst.

Was die von L. Bendel, 1923, und A. Weber, 1928, erwähnten Schotter bei Dättlikon betrifft, so liess sich folgendes erkennen:
Lediglich an zwei Stellen waren Schotter aufgeschlossen, die
über dem heutigen Talboden liegen:

- bei Eich (Koord: 689'9oo/264'15o, 398-4oo): verkitteter Schotter mit Groblage aus kantengerundeten und gerundeten, bis über
  kopfgrossen Steinen; bedeckt mit Grundmoränenmaterial (1976
  beim Strassenbau 2om östlich des Aufschlusses zu beobachten),
- beim Friedhof von Dättlikon (Koord: 689'15o/264'3oo, 4o6-411):
  lockerer, nicht geschichteter, feinkörniger Schotter, überwiegend gut gerundet.

Einige Schotterrelikte liegen am Abhang, ohne dass mit Bestimmt-
heit gesagt werden kann, ob sie Kontakt zum "Anstehenden" haben
oder abgerutscht sind.
Während des Baues einer Strasse war die Schotteroberfläche westlich Eich aufgeschlossen,und man konnte beobachten, dass die
Schotter dort meterdick mit Gehängelehm und -schutt bedeckt sind.
Ob die beiden Schotter (bei Eich und im Gebiet des Friedhofes
von Dättlikon) zusammenhängen, konnte nicht geklärt werden.
Sicher ist die morphologische Terrasse bei Dättlikon nur mit
geringmächtigen Schotterablagerungen bedeckt. Eindeutige Grundmoräne konnte dort nicht gefunden werden.
In den Bachtobeln kann beobachtet werden, wie die Molasse nahe
an die Oberfläche tritt:
- im Bachtobel Steinler (Koord: 688'7oo/264'5oo): Molasseoberfläche auf ca. 416m ü.M.
- im Bachtobel südwestlich des Schulhauses Dättlikon (Koord:
  688'95o/264'3oo): Molasseoberfläche auf ca. 4o5m ü.M.
- im Bachtobel unterhalb des Friedhofes Dättlikon (Koord:
  689'1oo/264'25o): Molasseoberfläche auf ca. 4o6m ü.M.

1.4. Das Tösstal bei Pfungen

1.4.1. Die Kiesgrube Rietli (Koord: 689'75o/263'3oo, 428)

Die kleine Kiesgrube befindet sich ca. 3om südlich der Bahnlinie
oberhalb der Kiesgrube Briner (vgl. Fig. 15).
Unter einer geringmächtigen Verwitterungszone liegen vorerst
einige Dezimeter feinkörnigen Schotters, der fluviatil geprägt
ist.
In der kontinuierlichen Fortsetzung nach unten treten immer
häufiger grosse Steine und Blöcke bis 1/4 m3 auf. Die Steine
sind kantengerundet, die Blöcke kantig oder leicht kantengerundet und teilweise geschrammt. Die grössten Blöcke bestehen
aus Material alpinen Ursprungs (Gneise, Amphibolite, Ilanzer
Verrucano). Damit unterscheidet sich diese Groblage hier in petrographischer Hinsicht eindeutig von jener bei Embrach; dort
bestehen bis zu 8o% der grossen Blöcke aus Molassematerial.
Weiter ist jene bei Embrach bedeutend deutlicher gegenüber dem
Liegenden und Hangenden abgrenzbar.
In diesen obersten Lagen in der Rietli-Kiesgrube ist keine
Schichtung zu erkennen.
Im Bereich der untersten 3m des Aufschlusses (im Liegenden des
blockreichen Materials) sind in der Ost- und Südwand gut geschichtete Ablagerungen anstehend: Sand, Silt, Ton und feinkörniger, ebenfalls fluviatil geprägter Schotter. Die Kiesfraktion
überwiegt dabei mengenmässig; grössere Steine oder gar Blöcke
fehlen. Die Untergrenze ist nicht aufgeschlossen.
Von besonderem Interesse ist der Verlauf der Schichten. Diese
sind postsedimentär durch kompressive Vorgänge verstellt (vgl.
Abb. 1o).

Abb. 1o: Kiesgrube Rietli, Ostwand (Koord: 689'75o/263'3oo, 428):
Unter blockreichem Schotter (Der grösste Teil der Groblage ist bereits abgetragen.) liegen verstellte Schot-
ter- und Sandschichten.

Fig. 15 : PROFIL DURCH DIE AUFGESCHLOSSENEN QUARTAEREN ABLAGERUNGEN WESTLICH PFUNGEN

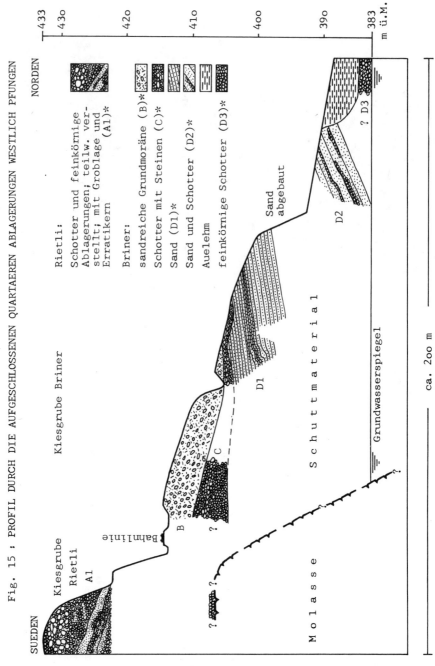

Rietli:

Schotter und feinkörnige Ablagerungen; teilw. verstellt; mit Groblage und Erratikern (A1)*

Briner:

sandreiche Grundmoräne (B)*
Schotter mit Steinen (C)*
Sand (D1)*
Sand und Schotter (D2)*
Auelehm
feinkörnige Schotter (D3)*

ca. 2oo m

* entspricht den Bezeichnungen in Abb. 12 und Fig. 2o

1.4.2. Die Kiesgrube Briner (Koord: 69o'1oo/263'35o, 4oo)

Diese Grube liegt am Westrand des Dorfes Pfungen an der Strasse
nach Embrach. Der Abbau ruht seit rund zwei Jahren, und immer
mehr Schuttmaterial verwehrt den Einblick in den interessanten
Aufbau.
Die Sedimentabfolge beginnt oben mit einer Zone von gelblich
beiger Farbe. Sie ist aus kantigen und kantengerundeten (vgl.
Fig. 16), oft gekritzten Gesteinen (mit gut 5o% Molassematerial
der Umgebung) und einer sandigen Grundmasse aufgebaut. Dieses
etwa 4m mächtige, grundmoränenartige Sediment geht gegen unten
in einen feinanteilarmen Schotter (Fraktion 2-7cm eindeutig
fluviatil geprägt) über, worin sich bis kopfgrosse, kantengerundete Steine ohne Kratzer befinden. Der Uebergang erfolgt auf
kurze vertikale Distanz, aber ohne erkennbare Diskordanz. Die
Mächtigkeit dieses unteren Sedimentes nimmt gegen Süden leicht
zu. Seine Basis verläuft an der Ostwand etwa horizontal, also
diskordant zu den liegenden Sanden (vgl. Fig. 15).
Diese Sande sind gut geschichtet und fallen in der Schnittebene
der Ostwand mit einigen Graden gegen Süden ein (Diskussion im
Kap. B.1.5.3.). Gegen unten schalten sich in die Schichten fein-
und grobkörnigen Sandes zunehmend auch Komponenten der Kiesfraktion ein. Im nördlichen Teil der Ostwand ist in den unteren
Partien zusätzlich eine deutliche Verstellung erkennbar.
Im Ostteil der Grube beobachtet man feinkörnige, ungestörte
Schotter zwischen dem Auelehm und dem Grundwasserspiegel. Im
Westteil sind die Lagerungsverhältnisse unklar. Diese über
der Grundwasseroberfläche ca. 3 m mächtigen Schotter sind
eindeutig fluviatil geprägt (vgl. Fig. 16) und werden gelegentlich durch Sandbändchen unterbrochen. Leider ist der Kontakt zum
Hangenden (die oben erwähnten verstellten Sande und Schotter)
nicht aufgeschlossen.
Der geologische Aufbau unterhalb des Grundwasserspiegels lässt
sich nicht sicher rekonstruieren. Schilderungen am Abbau betei-
ligter Personen, eine Sondierbohrung (leider nicht mehr genau
lokalisierbar) und eigene Beobachtungen ergeben folgendes Bild:
Der feinkörnige Schotter setzt sich nach unten fort. Ca. 2m
unter dem mittleren Stand des Grundwassers beginnt eine 2m mächtige Groblage. Diese liegt auf Feinsand, der mit wenig Schotter

durchsetzt ist. Darunter folgen ca. 8m Schotter, dann eine 7ocm
mächtige Schicht mit gelblichem, leicht sandhaltigem Lehm und
schliesslich nochmals ca. 9m Schotter. Im Bohrprotokoll der
Sondierbohrung (Kiesgrube Briner in Pfungen, 1969) wird erwähnt, dass diese beendet werden musste, weil man auf einen
Findling gestossen war.
So wie der oben erwähnte Lehm beschrieben wird, dürfte es sich
dabei um eine Seebodenablagerung handeln und kaum um eine Grundmoräne.
Die Grube wurde mit dem Schwimmbagger bis maximal auf die Kote
367m ü.M. hinunter ausgebeutet. In dieser Tiefe stiess man auf
eine kompakte Feinsandschicht ("Schliesand"), die nicht durch-
stossen werden konnte. Möglicherweise handelt es sich dabei um
die erwähnte Lehmschicht, die sich laut Bohrprotokoll in dieser
Tiefe befindet.

Abb. 11: Kiesgrube Briner, Ostwand (Koord: 69o'1oo/263'35o, 4o5):
Kontakt Grundmoräne - Schotter - Sand

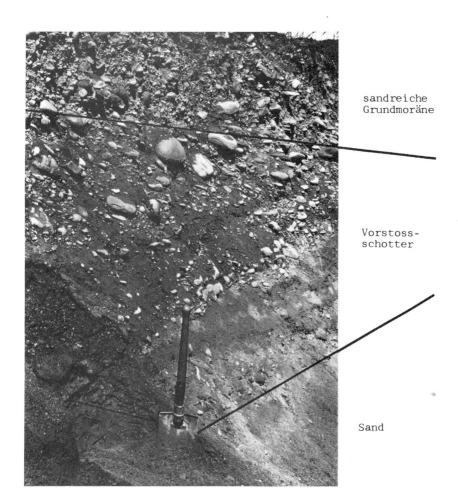

sandreiche
Grundmoräne

Vorstoss-
schotter

Sand

Abb. 12: Kiesgrube Briner, Ostwand (Koord: 69o'1oo/263'35o, 4oo):
        Blick gegen Nordwesten, Situation 1977

B = sandreiche Grundmoräne mit viel Molassematerial

C = Schotter mit grossen, meist kantengerundeten Steinen (max. 3ocm gross);
   = Vorstossschotter, diskordant auf D1

D1 = Sand, leicht gegen Süden einfallende, verstellte Schichten

D2 = Sand- und Schotterbändchen, verstellt

Fig. 16: ZURUNDUNGSWERTE UND VERTEILUNG DES ERRATIKUMS
Proben aus den Kiesgruben Briner und Rietli: 11 - 15

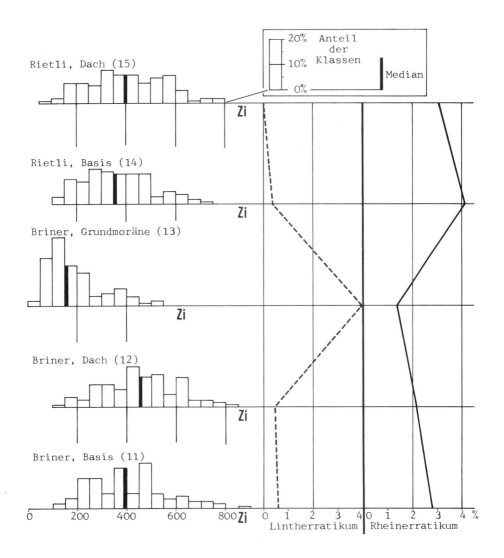

1.4.3. Kiesausbeutung in der untersten Tössallmend
(Koord: 689'2oo/263'95o, 377)

Im Zuge der Kiesausbeutung (unter dem Grundwasserspiegel, mit
Schwimmbagger) konnte, ergänzt durch die Aussagen des Bagger-
führers, ein Bild über den Aufbau der Talfüllung gewonnen werden.
Die obersten 1om werden durch einen fein- bis mittelkörnigen
Schotter aufgebaut. Gegen unten treten immer häufiger grosse
Steine und Blöcke auf. Die Schotter setzen sich stellenweise
bis 14m unter den Grundwasserspiegel fort. Wenige Meter daneben können sie in einer Tiefe von etwa 1om von einer Lehmschicht unterlagert sein, auf der Erratiker liegen. Wird diese
1 bis 2m mächtige Lehmschicht, die nur reliktisch vorhanden ist,
durchbrochen, so folgt darunter wieder Schotter. Ob es sich
beim Lehm um Grundmoränenmaterial oder um Seeton handelt, konnte mangels Probenmaterials nicht entschieden werden.
Total konnten 39 Erratiker bestimmt werden. Der grösste Block
mass o.8 m3, die mittlere Grösse lag etwa bei 1/3 m3. Das Rheinerratikum herrschte eindeutig vor, doch fand sich auch ein
prächtiger Sernifitblock (vgl. Kap. A.4.1.).

Grobe petrographische Einteilung der Erratiker:

Erratiker	Anzahl
Ilanzer Verrucano	1o
helle Gneise	7
Rofnaporphyr	3
Amphibolit	3
Puntegliasgranit	2
Gesteine aus dem Flysch	6
Molassematerial	6
Diorit	1
Sernifit	1

1.4.4. Die Lehmgrube Bruni (Koord: 691'4oo/263'65o, 4oo)

Die Grube der Ziegelei Keller liegt am Ostrand des Dorfes Pfungen. Zwei besonders wichtige Elemente der Talfüllung sind hier
aufgeschlossen:
- die Schotter, die den Talboden von Neftenbach bis Seuzach und
  von Wülflingen bis Oberwinterthur bilden,
- die "Pfungener-Schicht".

Die Schotter

Ihre annähernd horizontale Oberfläche liegt auf 411m ü.M. Im
Bereich der Lehmgrube sind sie von einer Verwitterungsschicht
bedeckt, im Süden, am Fuss des Multberges, liegen einige Meter
Gehängelehm darüber. Auf ca. 4oom ü.M. liegen die Schotter
direkt der "Pfungener-Schicht" auf.
Die 11m mächtige Schotterlage ist geschichtet, sehr homogen
aufgebaut, und die einzelnen Komponenten sind eindeutig fluviatil geprägt (vgl. Fig. 17).

Die "Pfungener-Schicht"

Vorbemerkungen:
Früher wurde die "Pfungener-Schicht" an verschiedenen Stellen
zwischen Neftenbach und Pfungen ausgebeutet. Heute beschränkt
sich der Abbau zur Ziegelherstellung auf die Lehmgrube Bruni.
Verschiedene Bohrungen zwischen Winterthur und Blindensteg
(M. Lugeon, 19o7; M. Steffen, 1964; H. Jäckli, 1974) erschlos-
sen unter Schottern die feinkörnigen Sedimente der "Pfungener-
Schicht". Die Korngrösse des Materials reicht vom Ton bis zum
Sand, stellenweise befinden sich gar Steine darin (möglicher-
weise von den Seitenhängen hineingerutscht oder mit schwimmen-
den Eisschollen herantransportiert; vgl. M. Steffen, 1964).
Im Gegensatz zu dem in dieser Gegend häufigen Gehängelehm han-
delt es sich bei der "Pfungener-Schicht" um Seeablagerungen
(J. Weber, 1924; M. Steffen, 1964).
Die "Pfungener-Schicht" in der Lehmgrube Bruni:
Nur hier ist die "Pfungener-Schicht" noch aufgeschlossen.
Unter ca. 1m gelblichem, magerem wird bläulicher, fetter "Ton"
abgebaut. Die Untergrenze wird auch nach etwa 1om nicht erreicht.
M. Steffen, 1964, zitiert Analysen, die von Dr. H. Andresen
durchgeführt wurden:

Korngrössenanalyse der "Pfungener-Schicht" (Probe aus dem Gebiet
des Hardholzes): Ton 25%, Silt 4o%, Sand 35%

Pollenanalytische Untersuchungen:

Nach der Anreicherung mit Entkalkung, Entfernung der Kieselsäu-
re und Azetolyse enthielten 6 Deckgläser (18/18 mm):

> 5 Pollenkörner von Pinus
> 2 Pollenkörner v. Gramineae
> 3 Pollenkörner v. Cyperaceae
> 1 Farnsporn (?)
> 4 unbekannte Nichtbaumpollen

Steffen weist auf die ungewöhnliche Pollenarmut und das Vorherr-
schen von Nichtbaumpollen hin und deutet die "Pfungener-Schicht"
als "Absatz von Gletschermilch".

Obwohl wir uns hier vorläufig der Interpretation von Steffen an-
schliessen, muss doch beachtet werden, dass die Pollenarmut auf
ungünstige klimatische Verhältnisse oder auf einen Zerfall der
abgelagerten Pollen zurückgehen kann. Erst ausgedehntere pollenanalytische Untersuchungen könnten endgültig Klarheit über die
klimatischen Verhältnisse während der Genese der "Pfungener-
Schicht" schaffen.

Für das Pfungener Lager Bruni gibt Lugeon, 19o7, folgende Zusammensetzung an:

38 bis 42% Kalk und 4.6 bis 6.2% Dolomit.

Laut einer schriftlichen Mitteilung der Keller AG, Ziegeleien,
vom Dezember 1978, wurden in den zurückliegenden ca. 25 Jahren
nie Holz oder Knochen gefunden.

1.4.5. Verbreitung der "Pfungener-Schicht"

Beschaffenheit, sowie Ausdehnung und Mächtigkeit dieses Sedimentes sind schon von verschiedenen Autoren beschrieben worden. (Die
umfangreichste Untersuchung stammt von M. Steffen, 1964.)

Man spricht gelegentlich auch von "Pfungener-Lehm". Obwohl man
den Lokalnamen Pfungen verwendet, weiss man schon lange, dass
die "Lehmschicht" sich weit über Pfungen hinaus erstreckt. Nach
Steffen findet man die Schicht wie folgt verbreitet (vgl. Fig.
18): Von Pfungen bis Oberwinterthur, nicht aber ins Schlosstal
hinein. Die Fortsetzung in Richtung Neftenbach und Blindensteg
(unterhalb Dättlikon) ist unsicher.

Die Oberfläche der "Pfungener-Schicht" fällt von ca. 45om ü.M.
auf etwa 4oom ü.M. bei Pfungen ab.

Eine Besonderheit (Unregelmässigkeit) stellt das ca. 65m tiefe
Loch in der Oberfläche der "Pfungener- Schicht" im Niderfeld
(Koord: 693'15o/263'25o, 415) dar. Der Durchmesser desselben
dürfte im Niveau der Schichtoberfläche ca. 1km betragen. Die
sonderbare Vertiefung ist, wie aus Bohrprotokollen ersichtlich,
vollständig mit Schottermassen gefüllt und geht nach M. Steffen,
1964, möglicherweise auf eine Toteismasse zurück.
Die "Pfungener-Schicht" ist stets mit mehr oder weniger mächtigen Schottern bedeckt (wenige Meter im Gebiet der Tössallmend
nordöstlich Pfungen, ca. 9om im nördlichen Niderfeld bei Wülflingen).

Von Tössfeld (Grobkoord: 69o'6oo/264'ooo, 395) bis Tössallmend
(Grobkoord: 69o'ooo/264'ooo, 376) liegen unter Schottern lehm-
freie Sande und Silte; Tonanteil nirgends grösser als 5 - 8%
(nach Baugrunduntersuchungen des geotechnischen Büros von Prof. Dr.
H. Jäckli, 1974). Sie sind als Teil der lithostratigraphischen
Einheit "Pfungener-Schicht" aufzufassen und genetisch mit diesen
verwandt (vgl. Kap. B.1.1. und Kap. B.1.5.2.).

Abb. 13: Lehmgrube Bruni (Koord: 691'4oo/263'65o, 4oo):
         Blick gegen Südwesten
         S = Schotter, L = "Pfungener-Schicht"

Fig. 17: ZURUNDUNGSWERTE UND VERTEILUNG DES ERRATIKUMS

Proben aus der Kies-
grube Bruni: 9 und lo

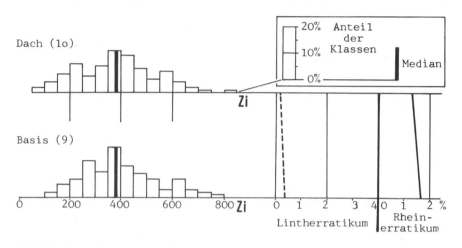

Dach (lo)

20% Anteil
der
10% Klassen

Median

0%

Z_i

Basis (9)

0   200   400   600   800 Z_i 0   1   2   3   4 0   1   2 %

Lintherratikum   Rheinerratikum

Abb. 14: Lehmgrube Bruni, Nordwand (Koord: 691'5oo/263'55o,4o2):
Schotter ("Sander"?) im Hangenden der "Pfungener-
Schicht"

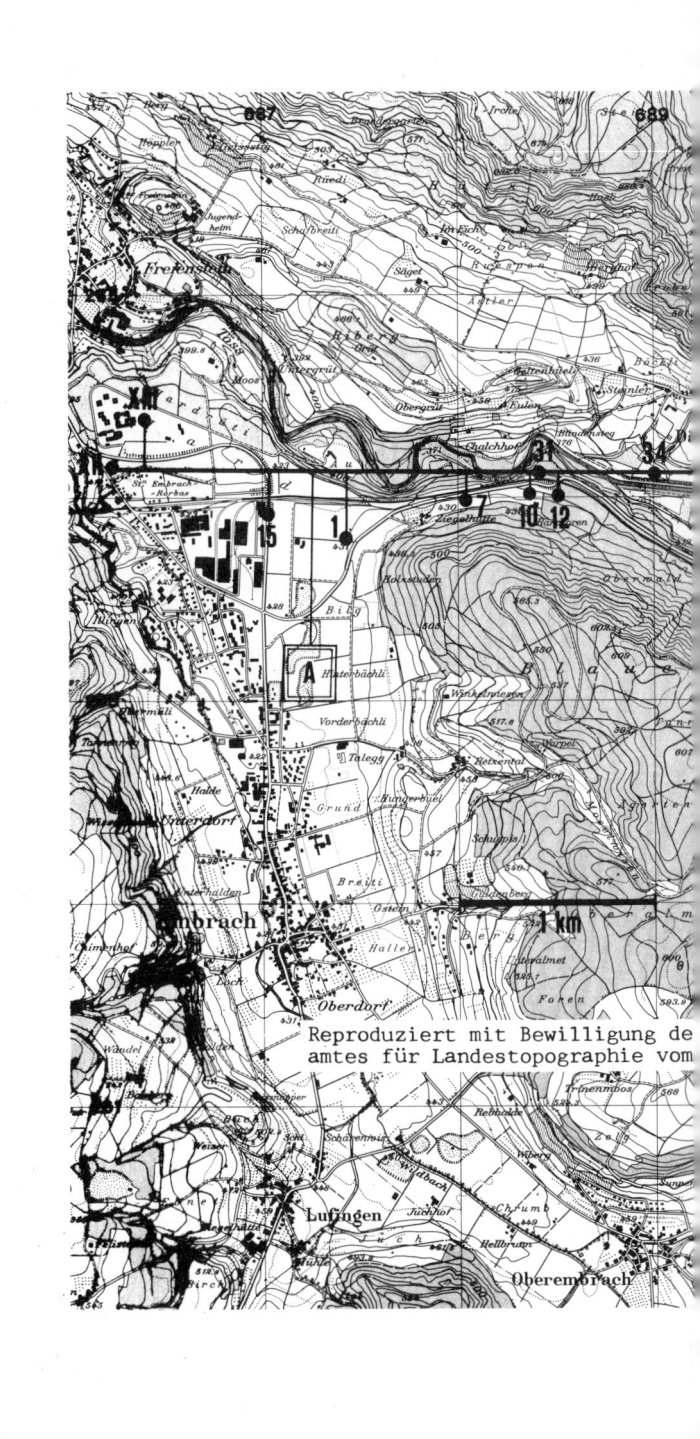

- 68 -

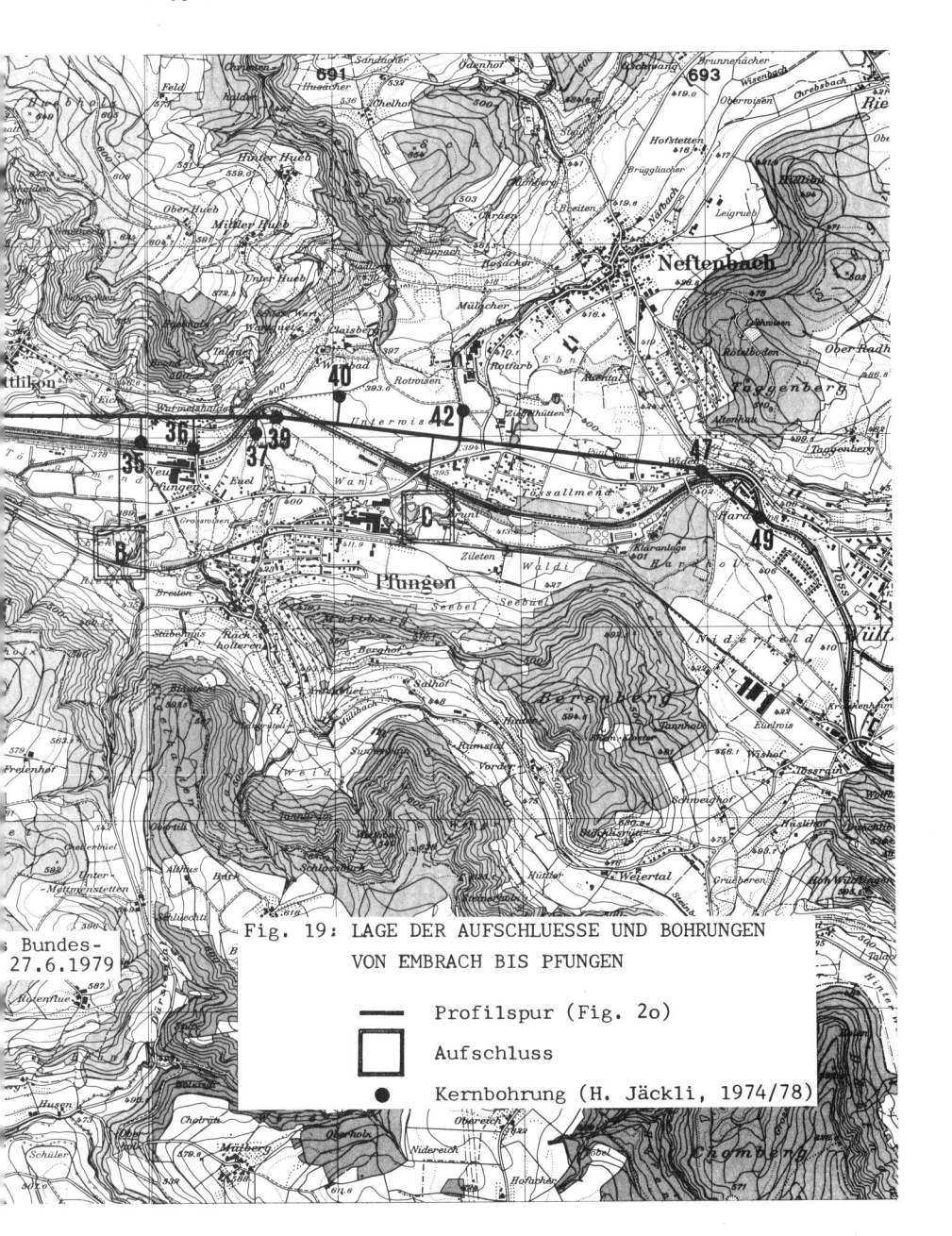

Fig. 19: LAGE DER AUFSCHLUESSE UND BOHRUNGEN
VON EMBRACH BIS PFUNGEN

——— Profilspur (Fig. 2o)

☐ Aufschluss

● Kernbohrung (H. Jäckli, 1974/78)

Bundes-
27.6.1979

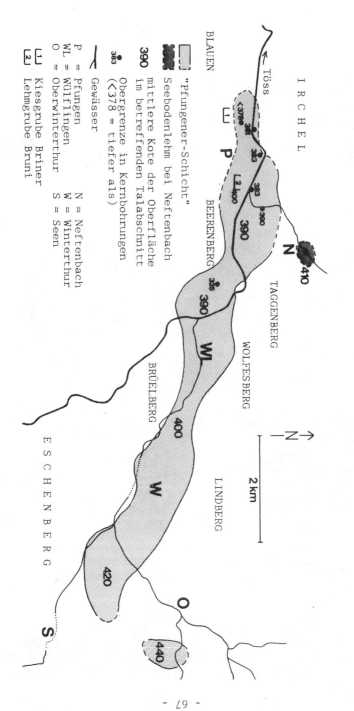

Fig. 18: VERBREITUNG DER "PFUNGENER-SCHICHT"
(nach M. Steffen, 1964, und eigenen Aufnahmen)

"Pfungener-Schicht"

Seebodenlehm bei Neftenbach

390   mittlere Kote der Oberfläche
im betreffenden Talabschnitt

383   Obergrenze in Kernbohrungen
(<378 = tiefer als)

Gewässer

P = Pfungen   N = Neftenbach
WL = Wülflingen   W = Winterthur
O = Oberwinterthur   S = Seen

1   Kiesgrube Briner
2   Lehmgrube Bruni

BLAUEN

IRCHEL

Töss

BEERENBERG

TAGGENBERG

WOLFESBERG

BRÜELBERG

LINDBERG

ESCHENBERG

N →

2 km

2o: GEOLOGISCHES PROFIL EMBRACH - PFUNGEN

(Lage der Bohrungen und Aufschlüsse
vgl. Fig. 19)

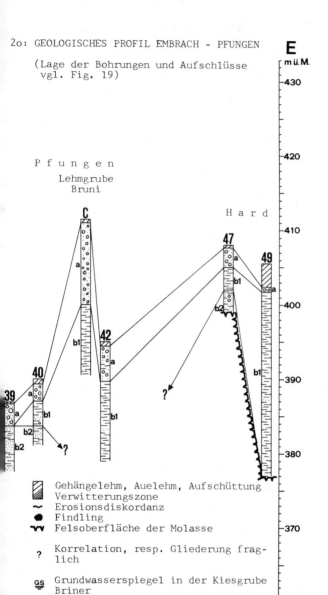

P f u n g e n
Lehmgrube
Bruni

H a r d

E
m ü.M.

Gehängelehm, Auelehm, Aufschüttung
Verwitterungszone
~ Erosionsdiskordanz
● Findling
⋁⋁ Felsoberfläche der Molasse

? Korrelation, resp. Gliederung fraglich

GS Grundwasserspiegel in der Kiesgrube
Briner

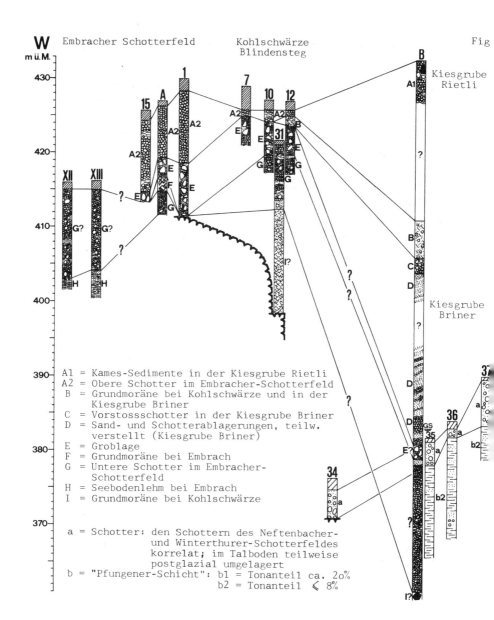

W Embracher Schotterfeld   Kohlschwärze   Fig

m ü.M.   Blindensteg

Kiesgrube Rietli

Kiesgrube Briner

A1 = Kames-Sedimente in der Kiesgrube Rietli
A2 = Obere Schotter im Embracher-Schotterfeld
B = Grundmoräne bei Kohlschwärze und in der
     Kiesgrube Briner
C = Vorstossschotter in der Kiesgrube Briner
D = Sand- und Schotterablagerungen, teilw.
     verstellt (Kiesgrube Briner)
E = Groblage
F = Grundmoräne bei Embrach
G = Untere Schotter im Embracher-
     Schotterfeld
H = Seebodenlehm bei Embrach
I = Grundmoräne bei Kohlschwärze

a = Schotter: den Schottern des Neftenbacher-
               und Winterthurer-Schotterfeldes
               korrelat; im Talboden teilweise
               postglazial umgelagert
b = "Pfungener-Schicht": b1 = Tonanteil ca. 2o%
                          b2 = Tonanteil $\leqslant$ 8%

1.5. Landschaftsgeschichtliche Folgerungen im Kerngebiet

1.5.1. Geomorphologie

Das Tösstal erstreckt sich zwischen Wülflingen und Dättlikon
etwa in Ost-West-Richtung. Zu beiden Seiten steigen Molasse-
höhen an. Seitentäler mit ausgedehnten Schotterflächen münden
bei Neftenbach aus Nordosten und bei Embrach aus Süden.
Von Kohlschwärze - Blindensteg bis Rorbas - Freienstein fliesst
die Töss durch einen schluchtartigen Talabschnitt.
Von Wülflingen an talaufwärts gestaltet sich die Situation wesentlich komplizierter: Verschiedene ältere Tössrinnen und
Schmelzwassertäler lassen sich erkennen (vgl. M. Steffen, 1964,
und F. Kaiser, 1972). Dazu gehört auch die bei Pfungen mündende
Rinne Dättnau - Rumstal.
Weite Schotterflächen weist das sich über Winterthur gegen Ober-
winterthur und Seen erstreckende Tal auf. In dieses münden von
Norden zwei Seitentäler, das eine bei Wülflingen, das andere
bei Veltheim.
Während im Gebiet von Winterthur die Schotter der Talsohle der
Akkumulationsoberfläche entsprechen, sind sie von Wülflingen an
talabwärts spät- und postglazial immer stärker ausgeräumt worden.
Am besten sind die komplizierten gegenseitigen Beziehungen zwi -
schen Akkumulationsterrasse und den verschiedenen Erosionsterrassen bei Pfungen zu beobachten (vgl. U. Käser, 1975 und
Fig. 8).

1.5.2. Lithostratigraphie

Im folgenden werden die lithostratigraphischen Einheiten der
aufgeschlossenen quartären Ablagerungen im Raum Embrach - Pfungen im Ueberblick zusammengestellt und deren Korrelationsmög-
lichkeiten diskutiert.
Die Ausführungen beziehen sich auf Fig. 2o: Geologisches Profil Embrach - Pfungen.

Zur Lithostratigraphie im Embracher-Schotterfeld

Im Detail ist die lithostratigraphische Gliederung der Sedimente im nördlichen Embracher-Schotterfeld im Kap. B. 1.1. dargestellt. Zusammenfassend sind die lithostratigraphischen Einheiten in ihrer stratigraphischen Position wie folgt aufgeschlossen (von oben nach unten):

- Obere Schotter
- Groblage
- Grundmoräne
- Untere Schotter

Die Einstufung der in Kernbohrungen (XII/XIII, nördlich Embrach)
aufgeschlossenen Schotter und des liegenden Seebodenlehms ist
unklar. Vermutlich handelt es sich bei diesen Schottern um einen
Teil der Unteren Schotter. In Kap. B. 1.1.4. wurden diese als
Vorstossschotter interpretiert. In Bohrung XII ist tatsächlich
eine Basisgroblage (5m sandreicher Kies mit einzelnen Blöcken
bis 15cm Durchmesser) zu beobachten (ein Kriterium für einen
Vorstossschotter; Ch. Schlüchter, 1976). Es könnte sich dabei
um ein Erosionsrelikt zumindest gletschernah abgelagerten Materials handeln. Da die Groblage jedoch nur in Bohrung XII vorhanden ist, kann ihre Bedeutung nicht weitergehend beurteilt
werden.

Bei Kohlschwärze - Blindensteg, am nordöstlichen Rand des Embracher-Schotterfeldes, lassen sich von oben nach unten folgende
lithostratigraphische Einheiten erkennen:

- Obere Schotter
- Obere Grundmoräne
  (Bohrung 12; 1m mächtig)
- Groblage
- Untere Schotter
- Untere Grundmoräne
  (B. 31; 13m mächtig, di-
  rekt auf der Molasse)

Die Gliederung der Sedimente in Bohrung 31 ist schwierig. Deutlich erkennt man die Grundmoräne. Darüber liegen Schotter mit
einer grobkörnigeren Partie an der Basis und einer lehmreichen
etwas oberhalb der Mitte. Es muss aufgrund der Lage der Bohrung
31 (vgl. Fig. 19 und Fig. 2o) und der Abfolge in den zitierten
Aufschlüssen angenommen werden, dass ein Teil der akkumulierten
Sedimente erodiert oder denudiert wurde.

Die Groblage ist die auffälligste und am besten zu definierende
und zu verfolgende lithostratigraphische Einheit. Sie ist deshalb der Bezugshorizont für die folgende Korrelation:

EMBRACH   KOHLSCHWAERZE - BLINDENSTEG

```
┌────────────────────────────────────────────────────────┐
│ Obere  Schotter ───────────────────── Obere Schotter     │
│ ---- ─────────────────────────── Obere Grundmoräne       │
│ GROBLAGE ───────────────────────────── GROBLAGE          │
│ Grundmoräne ──────────────────────────────── ?          │
│ Untere Schotter ───────────────────── Untere Schotter    │
│ ? ─────────────────────────────── Untere Grundmoräne     │
│ ? ─────────────────────────────────── Molasse           │
└────────────────────────────────────────────────────────┘
```

Zur Lithostratigraphie im Tösstal bei Pfungen

Westlich des Dorfes Pfungen (Kiesgruben Rietli und Briner, Fig. 15) folgen von oben nach unten die lithostratigraphischen Einheiten:

Rietli: - Kames-Schotter mit Groblage und Erratikern

$\uparrow$?

Briner: - sandreiche Grundmoräne
- Vorstossschotter
- verstellte Sande mit Kieslagen
- untere, feinkörnige, ungestörte Schotter
    ≡ Grundwasserspiegel
- Groblage
- Feinsand
- Schotter   } Gliederung fraglich
- Lehm (Seebodenlehm?)
- Schotter
- Erratiker

Oestlich des Dorfes erkennt man in der Lehmgrube Bruni nur zwei lithostratigraphische Einheiten (vgl. Kap. B. 1.4.4. und Fig.2o):

- Schotter des Winterthurer- und Neftenbacher-Schotterfeldes (eine Akkumulationsoberfläche bildend)
- im Liegenden die "Pfungener-Schicht" (mit silt-, sand- und geröllreichen Partien)
- Molasse ?

Zur genetischen Chronologie sei folgendes bemerkt: Die in der Lehmgrube Bruni aufgeschlossenen Schotter sind extramoränisch abgelagert und nicht mehr vom Eis überfahren worden. Sie gehören zur letzten glazial beeinflussten Akkumulationsphase in diesem Raum und sind demnach jünger als die lithostratigraphischen

Einheiten in den Kiesgruben Rietli und Briner. Dort sind die
obersten Einheiten der akkumulierten Abfolge noch rand- und subglazial entstanden (belegt unter anderem durch das Vorhanden-
sein von Erratikern).
Ob die Bildung der "Pfungener-Schicht" unmittelbar vor der Ablagerung der hangenden Schotter erfolgte (nach einer kurzen
zwischengeschalteten Erosionsphase), kann nicht belegt werden.
Immerhin lassen sich im gut aufgeschlossenen Verbreitungsge-
biet der "Pfungener-Schicht" - mit Ausnahme der hangenden Grundmoräne östlich Winterthur (vgl. M. Steffen, 1964) - keine an-
dersartigen Sedimente und keine Verwitterungsspuren zwischen
ihr und den hangenden Schottern erkennen.
Die Silte und Feinsande unterhalb Pfungen (vgl. Kap. B. 1.4.5.
und Fig. 2o) werden aus folgenden Gründen zur lithostratigraphischen Einheit "Pfungener-Schicht" gezählt:
- Es handelt sich um Seeablagerungen.
- Es ist geradezu charakteristisch für den Aufbau der "Pfungener-Schicht", dass Silt- und Sandschichten innerhalb der Abfolge auftreten.
- Die stratigraphische Lage ist dieselbe (bezüglich der Schotter, die den Talboden bilden und der Molasse).
- Ferner ist anzunehmen, dass der See, in welchem die "Pfungener-Schicht" zur Ablagerung kam, sich gegen Westen über Pfungen hinaus erstreckte. Unterhalb Dättlikon verengt sich das
Tösstal, und dessen Abriegelung ist hier am wahrscheinlich-
sten (vgl. Kap. B. 1.5.3.).
Auf eine weiterreichende Korrelation der Sedimente, die durch
die Kiesausbeutung in der untersten Tössallmend aufgeschlossen
wurden, muss verzichtet werden, da deren Ansprache durch die
Ausbeutung unter dem Grundwasserspiegel erschwert wird und im
Talboden, wie anderswo (Kap. D.) nachgewiesen werden konnte,
beträchtliche spät- und postglaziale Umlagerungen stattgefun-
den haben.

Zur Korrelation der lithostratigraphischen Einheiten
Kohlschwärze-Blindensteg - Pfungen (vgl. Fig. 2o)

KOHLSCHWAERZE-BLINDENSTEG	PFUNGEN
Obere Schotter ——————— Kames-Ablagerungen (Rietli)	
Obere Grundmoräne ————— sandreiche Grundmoräne (Briner)	
? ———————————— Vorstossschotter	
? ——————————— verstellte Sande mit Kieslagen	
? ————————— feinkörnige, unverstellte Schotter	
Groblage ————— ? ————— Groblage	
Untere Schotter ——————————— ?	
Untere Grundmoräne ————— ? ——— Erratiker	
Molasse ——————————————— ?	

Die Korrelation der beiden obersten lithostratigraphischen Ein-
heiten basiert auf genetischen Ueberlegungen:
Während am Eisrand die in der Rietli-Grube aufgeschlossenen Sedimente gebildet wurden, entstanden subglazial die sandreiche
Grundmoräne in der Kiesgrube Briner und die Obere Grundmoräne
bei Kohlschwärze - Blindensteg. Gleichzeitig schütteten die
Schmelzwasser einen Teil der Oberen Schotter des Embracher-
Schotterfeldes.
Eine weitergehende Korrelation bleibt fraglich, da:
- Sedimenttyp und stratigraphische Beziehungen der Ablagerungen
  bei Kohlschwärze - Blindensteg wenig bekannt sind,
- die Lithostratigraphie der Sedimente in der Kiesgrube Briner
  unterhalb des Grundwasserspiegels nicht gesichert ist und
- die in diesem Raum kräftig wirkende, vor allem fluviatile
  Erosion, offenbar mehrmals zu Schichtlücken geführt hat.
Zwischen Embrach und Pfungen aber lassen sich, wie dargelegt,
Teile der Oberen Schotter des Embracher-Schotterfeldes mit den
Kames-Schottern der Rietli-Grube mit grosser Wahrscheinlichkeit
korrelieren. Die geröllpetrographischen Untersuchungen (vgl.
Fig.11: Obere Schotter und Fig. 16 : Rietli) bestätigen dies.
    Die Schotter im Hangenden der "Pfungener-Schicht", sowie
diese selbst, finden im Embracher-Schotterfeld keine aequiva-
lenten Ablagerungen.
Die zusammengefassten lithostratigraphischen Korrelationen er-
lauben folgende Bemerkungen zur eiszeitgeschichtlichen Genese

des Untersuchungsgebietes:

1.5.3. Genese des Untersuchungsgebietes

Die Entstehung der aufgeschlossenen quartären Ablagerungen im
Raum Pfungen - Embrach wird in chronologischer Reihenfolge er-
läutert, wobei auf eine nochmalige detaillierte Genese-Rekon-
struktion der Akkumulationen des Embracher-Schotterfeldes verzichtet wird (man vergleiche dazu Kap. B. 1.1.4.).

Erster dokumentierter Eisvorstoss

Bei Kohlschwärze - Blindensteg liegt Grundmoränenmaterial direkt der Molasse auf (vgl. Fig. 2o, Bohrung 31). Woher der
Gletscher, der sie bildete, vorstiess und wo er stirnte, ist
unbekannt. Allerdings wird ein Vorstoss aus Osten der geomorphologischen Situation wegen angenommen.
Weiter ist nicht feststellbar, ob allenfalls früher vorhandene
Sedimente vor oder durch diesen Gletschervorstoss erodiert worden sind.
Die Grundmoräne ist weder durch Verwitterungszonen noch durch
fluvioglaziale oder fluviatile Ablagerungen gliederbar. Es
wird daher angenommen, dass sie während einer einzigen glazialen Akkumulationsphase gebildet worden ist. Wenn dies tatsächlich der Fall ist, so dürfte es sich um eine längere Vereisungs-
phase gehandelt haben, ist doch die Grundmoräne rund 13m mächtig.
Der in der Kiesgrube Briner angebohrte Erratiker könnte dem
gleichen oder dem nächsten Vorstoss entstammen. Das über dem
Findling liegende unterste Schotterpaket entstand womöglich
während des folgenden Eiszerfalls (vgl. Fig. 2o, Briner).
　　　Als Zeugen einer auf den ersten Eisvorstoss folgenden
"Warmphase" können folgende Ablagerungen vermutet, aber nicht belegt werden (die Entstehung während einer "Kaltphase" ist möglich):
- Seebodenlehm von Embrach,
- geringmächtige Lehmablagerung in der Kiesgrube Briner.

Zweiter Eisvorstoss bis Embrach

Dieser zweite Eisvorstoss ist durch Vorstossschotter und Grund-
moränenrelikte nördlich des Dorfes Embrach belegt (vgl. Kap. B.
1.1.). Wie in Kap. B. 1.1.4. dargelegt, erfolgte der Vorstoss
aus dem Tösstal von Pfungen her. Aus der Fazies der Grundmoräne

(basal melt-out till) und deren Verbreitung darf geschlossen
werden, dass diese im Zungenbereich gebildet wurde. Der Eisrand
lag demnach etwa nordöstlich des Dorfes Embrach, wie von J. Hug
schon 19o7 postuliert (vgl. Kap. B. 1.2.2.).
Nördlich Geltenbühl, zwischen Dättlikon und Freienstein, liegt
eine Grundmoräne auf gegen Westen rasch mächtiger werdenden
Schottern. Da deren Oberfläche zudem gegen Westen einfällt,
sind sie offensichtlich von Osten her geschüttet worden. Die
Grundmoräne aber keilt gegen Westen aus, so dass wir uns auch
hier in einer Eisrandlage befinden, zumal dieses Gebiet ausserhalb des Bereiches der erodierenden Töss liegt und wir annehmen
können, dass wir ursprüngliche Verhältnisse vorfinden (vgl. Kap.
B. 1.3.).
Bei Kohlschwärze - Blindensteg kamen die Unteren Schotter - Vorstossschotter (?) (vgl. Kap. B. 1.1.3.) - zur Ablagerung, hingegen fehlt das der Grundmoräne von Embrach korrelate,glazigene
Sediment.

Abschmelzen des Eises

Durch das Abschmelzen des Eises konnten sich Eisrandstauseen,
die sich z.B. im Rumstal und im Dättnau gebildet hatten, ent-
leeren. Die katastrophalen Schmelzwasserausbrüche verschwemmten
entlang des südlichen Eisrandes Seiten- und Obermoränenmaterial,
sowie Rutschmaterial von den seitlichen Molasseabhängen. So
entstand das im Embracher-Schotterfeld als Groblage bezeichnete Sediment (vgl. Kap. B. 1.1.1.).
Für ähnliche Erscheinungen entlang des nördlichen Eisrandes
gibt es keine Anhaltspunkte.
Im Bereich der Kiesgrube Briner kam Moränenmaterial s.l. in
situ und über kurze Distanzen verschwemmt zur Ablagerung. Es
entstand so die unter dem Grundwasserspiegel auftretende Groblage.
Mit dem weiteren Abschmelzen entstanden feinkörnige Schotter.
Sie sind im Dach der Groblage bei Embrach und unmittelbar über
dem Grundwasserspiegel in der Kiesgrube Briner teilweise aufgeschlossen (vgl. Kap. B. 1.1.1., Fig. lo und Fig. 15).
Mit zunehmender Entfernung des Gletschers vom Sedimentations-
raum (Kiesgrube Briner) oder infolge eines Nachlassens der Wasserführung wurde Sand mit an der Basis auftretenden, gering-

mächtigen Schotterschichten abgelagert.

Die minimale Ausdehnung des Gletschers in dieser Phase ist unbekannt.

Dritter Eisvorstoss bis Kohlschwärze - Blindensteg

In der Folge stiess der Gletscher erneut vor. Es kam zu einer
Verstellung der sandreichen Ablagerungen in der Kiesgrube Briner (vgl. Fig. 15). Einerseits belegt die relativ geringe Stauchung der Sedimente deren Verstellung in gefrorenem Zustand,
gewissermassen en bloc. Andererseits schliessen die Stauchungen die Möglichkeit nicht aus, dass es sich lediglich um eine
glazialtektonische Ueberprägung der einfallenden Schichten eines Deltas handelt.

Interessant ist in diesem Zusammenhang die Tatsache, dass die
liegenden feinkörnigen Rückzugsschotter nicht verstellt wurden.
Dies könnte so gedeutet werden, dass deren Dach, durch gefrore-
nes Grundwasser verfestigt, als Hauptschubfläche wirkte (vgl.
C. Schindler, 1978).

Die Schmelzwasser des nahen Gletschers erodierten die Sandober-
fläche unterschiedlich stark. Eine allenfalls vorhandene Verwitterungszone wäre damit restlos entfernt worden.

Schliesslich wurden beim weiteren Anwachsen des Gletschers diskordant zum Liegenden Vorstossschotter abgelagert.

Die Deutung des Sedimentes als Vorstossschotter ist belegt durch:
- die Zunahme der Korngrösse zum Dach hin,
- den kontinuierlichen Uebergang in die hangende Grundmoräne
  (vgl. Abb. 11) und
- die Anordnung der Nebenmodi in den Histogrammen der Zi-Werte,
  die ihrerseits den Zusammenhang zwischen den Schottern und der
  hangenden Grundmoräne belegen (vgl. Kap. B. 1.1.4., Fig. 16
  und Ch. Schlüchter, 1976).

Der relativ hohe Zurundungswert (Median) der Fraktion 2-7cm entstand offenbar dadurch, dass es sich weitgehend um umgelagertes
und aufgearbeitetes Material handelt. Die mehrmodale Verteilung
(Geröllgenerationen, vgl. Kap. A. 4.2.1.) unterstützt diese Annahme (vgl. Fig. 16: Briner, Dach). Immerhin betonen viele kantengerundete Steine die direkte glazigene Beeinflussung und den
Vorstosscharakter der Schotter.

Der Gletscher überfuhr sodann seine Vorstossschotter und bedeck-

te sie mit einer sandreichen Grundmoräne. Für diese ist ein
hoher Anteil (4%) des Lintherratikums und ein kleiner (1.3%)
des Rheinerratikums charakteristisch (vgl. Fig. 16). Weiter
ist das lokale Molassematerial dominierend (5o%). Offenbar sind
"älteres" Linth- und Molassematerial vom Abhang des Blauen abgerutscht und/oder evt. auch über die Talung Dättnau - Rumstal
eingeschwemmt worden. Ein Vorstoss des Linthgletschers in dieses Gebiet aber dürfte infolge der topographischen Verhältnisse während der letzten Eiszeit auszuschliessen sein.

Während dieses dritten Vorstosses erreichte der Gletscher eben noch den Raum Kohlschwärze - Blindensteg unterhalb
Dättlikon. Der vermutlich schon vorgebildete Trogschluss in der Molasse wurde weiter akzentuiert. Bei Kohlschwärze deponierte der
Gletscher die Obere Grundmoräne (vgl.Fig.2o,Bohrung 12).Die grosse
Erratikerdichte in der untersten Tössallmend (vgl. Kap.B.1.4.3.)
deutet ebenfalls auf eine Eisrandlage hin. Falls End- oder Sei-
tenmoränen gebildet wurden, sind sie während späterer Erosionsphasen abgetragen worden.
Bei Rietli - Breiteń (vgl. Kap. B. 1.4.1., Abb. 1o und Fig. 15)
wurden seitlich an das Eis Schotter abgelagert. Im zweiten Teil
dieser Akkumulationsphase wurden Steine und Blöcke eingeschwemmt.
Gleichzeitig dehnte sich der Gletscher weiter aus, so dass einzelne Erratiker und Obermoränenmaterial direkt vom Eis auf die
Schotter abrutschten.
Durch das Pulsieren des Gletschers wurden Sand-Schotter-Schich-
ten verstellt, wie dies für Eiskontakt-Ablagerungen zu erwarten
ist (= Kames-Sedimente; vgl. Abb. 1o).

Abschmelzen des Eises

Während einer Stagnationsphase des Gletschers oder eines aller-
ersten Abschmelzens entstanden geringmächtige, feinkörnige, ungestörte "Rückzugsschotter" im Dach der Sedimente in der Rietli-
Grube (vgl. Fig. 16).
Die im Bereich der Rietli-Grube randglazial gegen das Zungen-
ende bei Kohlschwärze - Blindensteg fliessenden Schmelzwasser
vereinigten sich dort mit dem Hauptschmelzwasserstrom. Dieser
hat sich mindestens eine zeitlang gegen Embrach ergossen und
zur Bildung der Oberen Schotter beigetragen (vgl. Kap. B.1.1.4.).
In der Folge schmolz das Eis zurück, und der Gletscher gab das

Tösstal frei. Erst danach entstand die "Pfungener-Schicht" in
einem See (Absatz von Gletschermilch), der sich nach ihrer Verbreitung von Pfungen bis Oberwinterthur - Seen ausdehnte (vgl.
Fig. 18). Was diesen See aufstaute, kann vorläufig nicht mit
Sicherheit gesagt werden. Möglicherweise handelte es sich um
die Molasse, wie M. Steffen, 1964, vermutet. Ferner könnte auch
ein Endmoränenwall (während des dritten Vorstosses bei Dättlikon gebildet; vgl. vorangehenden Abschnitt) das gleiche bewirkt
haben. Diese beiden Möglichkeiten schliessen allerdings eine
Erosionsphase zwischen dem dritten Vorstoss und der Sedimentation der "Pfungener-Schicht" aus. Erfolgte jedoch eine Ausräu-
mung des Tösstales, so muss es später unterhalb Pfungen erneut
abgeriegelt worden sein. Es ist denkbar, dass dies durch abrut-
schendes Lockermaterial (z.B. vom Blauen herunter) geschah.
Leider ist nicht feststellbar, ob die Erosion erfolgte und
welches Ausmass sie erreichte. Jedenfalls sind ältere Sedimente
nur reliktisch vorhanden. Diejenigen der Grube Briner lagen im
Erosionsschatten des Molassesporns von Pfungen. An einigen Stellen liegt die "Pfungener-Schicht" nachweislich direkt der Molasse auf (M. Steffen, 1964).

Vierter Eisvorstoss

Nach den Untersuchungen von M. Steffen, 1964, stiess sodann der
Gletscher nochmals vor und überzog die "Pfungener-Schicht" min-
destens bis ins Gebiet der Altstadt von Winterthur mit einer
Grundmoräne.

Abschmelzen des Eises und Entwicklung im Postglazial

Aus verschiedenen "Einspeisungsstellen" flossen mit Sand und
Schotter beladene Schmelzwasser (vgl. Fig. 27 und U. Käser, 1975).
Sie bedeckten die allenfalls vorgängig teilweise erodierte "Pfungener-Schicht". So entstand ein Talboden, dessen Oberfläche bei
Pfungen auf ca. 412m ü.M. lag. Womöglich noch während des vier-
ten Eisvorstosses oder während des Abschmelzens des Eises ent-
leerte sich der See, in welchem die "Pfungener-Schicht" zur Ablagerung gekommen war (Ueberlauf schneidet sich ein ?).

Das weitere Abschmelzen des Eises erfolgte nicht kontinuierlich,
sondern wurde verschiedentlich unterbrochen durch Stagnations-
und kleinere Vorstossphasen des Gletschers. Dies bezeugen die

zahlreichen Wallmoränen im nordöstlichen Arbeitsgebiet (vgl.
Kap. C).

Im Spät- und Postglazial folgte eine vorwiegend erosive Phase.
Die Töss schuf, durch lokale Erosionsbasen (Molasseriegel Hard,
Tössfeld und Blindensteg) gesteuert, ein System verschiedener
Erosionsterrassen (vgl. U. Käser, 1975 und Fig. 8).

1.5.4. Chronostratigraphie

Die vorliegende chronostratigraphische Gliederung beruht auf
der Interpretation der Lithostratigraphie, auf chronologisch
"geordneten" Ueberlegungen und der Tatsache, dass bis jetzt weder im Embracher-Schotterfeld noch im Tösstal Verwitterungshori-
zonte und/oder palynostratigraphisch korrelierbare Abfolgen
nachgewiesen worden sind.

Letztinterglaziale Ablagerungen

Der Nachweis letztinterglazialer Ablagerungen ist im Arbeitsgebiet nicht direkt möglich gewesen. Es könnte jedoch sein, dass
der bei Embrach erbohrte Seebodenlehm vor der letzten Eiszeit
("Würm" im klassischen Sinne) abgelagert worden ist.

Letzteiszeitliche Ablagerungen

Die Bezugschronologie für die Ablagerungen in unserem Untersuchungsgebiet stammt von Ch. Schlüchter und M. Welten, 1976. Sie
basiert letztlich auf den Untersuchungen im Berner Mittelland
und Zürcher Oberland. Ch. Schlüchter, 1976, weist darauf hin,
dass die chronostratigraphische Korrelation der letzten Alpen-
vergletscherung (Würm) mit der Weichsel-Eiszeit "vergleichend-
chronostratigraphischer" Art ist. Aus diesem Grunde wird auch
in dieser Arbeit "Würm" in Anführungszeichen gesetzt.

- Früh"würm"eiszeitlicher Vorstoss (erster dokumentierter Vorstoss im Untersuchungsgebiet):

  Die Untere Grundmoräne bei Kohlschwärze belegt einen Gletschervorstoss. Er wird als früh"würm"glazialer Vorstoss gedeutet, da das Material einerseits nicht verwittert ist und
  andererseits die tiefste lithostratigraphische Einheit im
  Untersuchungsgebiet darstellt.

  Der bei Embrach erbohrte Seebodenlehm könnte womöglich auch
  während der folgenden Früh"würm"-Interstadiale entstanden

sein, doch fehlen konkrete Hinweise. Sicher ist nur, dass er
älter ist als die hangenden Schotter, die vermutlich den Unteren Schottern des Embracher-Schotterfeldes entsprechen (vgl.
Kap. B. 1.5.3.).

- Erster hoch"würm"eiszeitlicher Vorstoss (zweiter dokumentierter Vorstoss im Untersuchungsgebiet):

Während dieses Vorstosses erreichte der Rhein-Thur-Gletscher
mindestens Embrach. Dabei wurden im Embracher-Schotterfeld
Vorstossschotter mit der hangenden Grundmoräne gebildet. Eine
gegen Westen auskeilende Grundmoräne über Schottern wurde
auch nördlich Geltenbühl, zwischen Dättlikon und Freienstein,
erbohrt.
Während eines ersten Zurückschmelzens des Eises wurde anlässlich katastrophaler Schmelzwasserausbrüche die Groblage im
Embracher-Schotterfeld geschüttet.

- Mittel"würm"-Interstadiale:

In diesen Abschnitt sind die unteren feinkörnigen Schotter,
sowie die Sande (beides in der Kiesgrube Briner) zu stellen.

- Zweiter hoch"würm"eiszeitlicher Vorstoss (dritter dokumentierter Vorstoss im Untersuchungsgebiet):

Dabei erreichte der Gletscher den nordöstlichsten Rand des
Embracher-Schotterfeldes bei Kohlschwärze - Blindensteg.
Dokumentiert wird dieser Vorstoss durch:
- Vorstossschotter und sandreiche Grundmoräne (Kiesgrube Bri-
ner),
- Kames-Ablagerungen mit Erratikern (Kiesgrube Rietli),
- Obere Grundmoräne (Kohlschwärze) und
- grosse Erratikerdichte (unterste Tössallmend).

"Ueberlegungsmässig" können die drei erwähnten Vorstossphasen
mit jenen von Ch. Schlüchter und M. Welten , 1976, korreliert
werden:

nach Schlüchter und Welten (1976)

früh"würm"eiszeitlicher Vorstoss   T1
erster hoch"würm"eiszeitlicher Vorstoss T2
zweiter hoch"würm"eiszeitlicher Vorstoss T3

- Spätglaziale Abschmelzphase mit mehreren Unterbrüchen

Der Gletscher schmolz in der Folge rasch bis östlich Winterthur zurück, worauf die "Pfungener-Schicht" gebildet wurde.
Anschliessend stiess er nochmals kurz vor und überzog diese
bis Winterthur mit einer Grundmoräne.
Schliesslich schmolz das Eis, und die Schotter des Neften-
bacher- und Winterthurer-Schotterfeldes wurden geschüttet.
Mit dem Abschmelzen des Gletschers bis ins Thurtal begann die postglaziale Umgestaltung der eiszeitlichen Sedimente und Landschaftsformen im Untersuchungsgebiet.

Schlussbemerkungen zur Chronostratigraphie

Auch W.A. Keller, 1977, belegt im Rafzerfeld zwei "würm"zeitliche Vorstossphasen: T2 und T3. Er findet jedoch keine Anhaltspunkte für einen früh"würm"eiszeitlichen T1-Vorstoss.
Ferner kann er in seinem Untersuchungsgebiet nicht abklären,
welcher der beiden Vorstösse bedeutender war.
Die vorliegende Gliederung bezieht sich streng nur auf die Interpretation der lithostratigraphischen Abfolge. Im Tösstal
muss aber mit längeren Erosionsphasen gerechnet werden, deren
zeitliche und morphogenetische Ausmasse jedoch schwer erfass-
bar sind. Zudem sind für die Gliederung brauchbare Paläoböden
bis jetzt nicht gefunden worden. Unter diesem Aspekt kann spe-
kuliert werden, dass die Untere Grundmoräne bei Kohlschwärze
(vgl. Fig. 2o und Kap. B. 1.5.2.) ehemals eine verwitterte
Oberfläche besass, die jedoch später vollständig erodiert wurde. In diesem Fall könnte die Grundmoräne ebensogut als vor-
letzteiszeitlich (?) eingestuft werden.
Die selbe Grundmoräne könnte aber auch mit der Grundmoräne bei
Embrach korreliert werden - unter der Voraussetzung, dass die
bei Embrach die Grundmoräne unterlagernden Sedimente bei Kohlschwärze nicht abgelagert oder erodiert wurden - und wäre dann
letzteiszeitlich (T2?) (bei Embrach ebenfalls keine Verwitterungszone, aber bei geringer Erosion; vgl. Kap. B. 1.1.1.).
Die Kenntnis der unter dem Grundwasserspiegel liegenden Sedimente (Kiesgrube Briner und unterste Tössallmend) ist unvoll-
ständig, und die chronostratigraphischen Angaben bleiben hypo-
thetisch.

2. Das restliche Untersuchungsgebiet

Die Untersuchungen der quartären Ablagerungen ausserhalb des
Kerngebietes wurden aus folgenden Gründen erschwert:
- Die Lockergesteine sind als kleinräumige, komplexe und oft
  reliktische lithologische Einheiten vorhanden.
- Die Ablagerungen sind schlecht aufgeschlossen.
Das sichere Erkennen von stratigraphischen und genetischen
Zusammenhängen ist deshalb erschwert. Trotzdem sollen im fol-
genden einige Befunde beschrieben und interpretiert werden.

2.1. Das Irchelgebiet

2.1.1. Die Maximallage des letzteiszeitlichen Gletschers

Es ist schwierig, die Eisrandlage im Irchelgebiet zu bestimmen.
Gute Aufschlüsse oder Bohrungen fehlen, Gehängeschutt bedeckt
die glazialen Ablagerungen, oder dieselben sind an den Steilhängen abgerutscht. Die Wallmoränen sind schlecht erhalten
(in U. Käser, 1975, sind sie beschrieben und kartiert), und die
Mächtigkeiten anderer glazialer Ablagerungen sind meistens gering. Der "Würm"gletscher dürfte dieses Gebiet, wenn überhaupt,
nur kurzfristig erreicht haben. R. Hantke, 1967, und L. Ellenberg, 1972, geben folgende maximale Ausdehnung des Würmgletschers an:
- am Nordabhang des Irchels über Gräslikon - Oberbuch nach
  Desibach,
- am Ost- und Südabhang über die Ostflanke des Wolschberges
  nach Bebikon und Hueb.
Ellenberg nimmt dabei an, der Gletscher stirne während des
"absoluten Würmmaximums" in der Gegend Blindensteg-Kohlschwärze.
Das ergäbe für die Gletscheroberfläche im Zungenbereich (Tösstal) ein Gefälle von gegen 10%, wenn man die Wallmoräne bei Bebikon diesem Vorstoss zuordnet (vgl.Fig.24,p.103). Dies scheint
zu steil zu sein. Nehmen wir aber an - die vorliegenden neuen Untersuchungen stützen diese Vorstellung - der Gletscher stirne nordwest-
lich Embrach (vgl.Kap.B.1.1.), so ergibt sich ein Gefälle von ca.
3.5%. Am Nordabhang des Irchels kann das Gefälle der Eisoberfläche mit weniger als 2% angegeben werden.
R. Hantke, 1978, gibt folgende angenommene Gefällsverhältnisse
für die Eisoberfläche an: "Bei den weit ins Vorland vorgedrun-

genen pleistozänen Eisströmen fiel sie recht sanft - mit 8-25‰,
erst gegen die Zungenenden - namentlich bei vorstossenden Glet-
schern - steiler mit 3o und mehr ‰ ab".
Die Wallmoränen bei Bebikon und Feld (Aufschlüsse fehlen; vgl.
U. Käser, 1975) sind vermutlich im Bereich Ober Tobel erodiert
worden. Das sie ehemals aufbauende Material liegt heute wohl im
mächtigen Schuttfächer am Ausgang dieser Erosionskerbe. Das Vo-
lumen desselben beträgt min. 6o'ooo m3 und max. 2oo'ooo m3 (Ab-
schätzung nach der Formel von G.P. Jung, 1969). Jedenfalls handelte es sich um kleine, undeutlich ausgebildete Wallmoränen,
vergleichbar jenen, die heute am Irchel noch beobachtet werden
können.
Die Kerbe selbst liegt jetzt gänzlich im Molassesandstein und
im rutschgefährdeten Molassemergel (OSM).

2.1.2. Die Schotterfelder zwischen Dorf, Volken und Berg

Zwischen Dorf, Volken und Berg lassen sich von 41o - 42om ü.M.
verschiedene Schotterflächen erkennen. Sie sind in U. Käser,
1975, im Detail beschrieben.
L. Bendel, 1923, sieht darin eine mit Niederterrassenschottern
gefüllte Schmelzwasserrinne. H. Graul, 1962, deutet sie als Auf-
stau - Akkumulationsflächen. Dabei staute eine grosse Toteismasse* die Schmelzwasser bis auf eine Höhe von 416m ü.M.
Nach W.A. Keller, 1977, stirnte ein Gletscherlappen im unteren
Lottstetterfeld. Dieser Eisrandlage entsprechen die Schotter
des oberen Lottstetterfeldes. Damit scheint aber eine Paralleli-
sierung dieser Schotter mit jenen zwischen Dorf und Berg recht
wahrscheinlich. Es handelt sich in diesem Falle um eine Stauung
(frontale Aufschotterung) durch den Gletscherlappen selbst und
eine Schüttung durch die Schmelzwassertäler Humlikon - Dorf und
Hünikon - Dorf.
Mit dem weiteren Abschmelzen des Eises wurde die Erosion wirk-
sam, die in der Folge das Schotterfeld morphologisch aufzuglie-
dern begann.

* Nach Graul unter anderem durch den Nachweis von Eisrandter-
rassen im Rheinauer Becken anzunehmen.

2.2. Die Moränenlandschaft östlich des Irchels

Das Zurückschmelzen des Eises wurde durch kleinere Wiedervor-
stoss- und Stagnationsphasen unterbrochen. Diesen entsprechen
die unzähligen Wallmoränen. Schmelzwasser schütteten kleine
lokale Sander oder schotterten Schmelzwasserrinnen auf (vgl.
U. Käser, 1975, und Fig. 27 bis Fig. 29).
Der deutlichste Seitenmoränenzug begrenzt ab Andelfingen das
Arbeitsgebiet gegen das Thurtal. Diese Seitenmoräne ist dem Stadium von Andelfingen-Dätwil zuzuordnen (vgl. Kap. C). Die Korrelation der übrigen Wallmoränen ist wesentlich schwieriger
und nicht mit Sicherheit durchzuführen.
Eine einzige Kiesgrube bot einen Einblick in den komplexen
quartärgeologischen Aufbau dieser Gegend. Sie soll im folgenden
besprochen werden. Weiter werden verschiedene Bohrprofile diskutiert.

2.2.1. Die Kiesgrube bei Henggart (Koord: 694'4oo/269'2oo, 44o)

Diese Grube, die einzige grössere im nördlichen Arbeitsgebiet,
bot in den Jahren 1973 und 1974 einen guten Einblick in den
Aufbau der glazialen Sedimente dieses Gebietes (vgl. U. Käser,
1975, und Abb. 16).

Beschreibung der Sedimente

Die Sedimentabfolge beginnt oben mit einer Verwitterungszone,
die in Mulden bis 1.7om mächtig wird. Es handelt sich um toni-
gen Schluff, der nur an seiner Basis beim Besprühen mit 15%-iger
Salzsäure aufbraust. Er enthält eine gegen unten zunehmende Anzahl von Steinen, die teilweise stark verwittert und oft gespal-
ten sind. Kratzer als Zeugen einer glazialen Bearbeitung sind
nicht festzustellen.
Darunter liegt im östlichen Teil der Südwand Grundmoränenmaterial. Dieses ist max. 3m mächtig und keilt gegen Westen aus.
Im Liegenden folgen fluvioglaziale Ablagerungen. Sie sind
noch überwiegend glazial geprägt (vgl. Fig. 21), aber relativ
gut sortiert. An der Südwand werden sie bis 8m mächtig. Diese
Schotter- und Sandschichten fallen im östlichen Teil der Nordwand stark gegen Nordwesten ein. In diesem Bereich treten bis
1m mächtige Sandschichten auf, die jedoch nach wenigen Metern
wieder auskeilen. Die Sedimente sind vermutlich durch geringe

Schmelzwassermengen über eine Erhebung (vgl. "Wall") verschwemmt worden. Gegen Nordwesten nähern sich die Schichten
mehr und mehr der Horizontallage.
Darunter liegt wiederum Grundmoränenmaterial, das zeitweise
an der Nordwand mit mehreren Erratikern zweifelsfrei aufgeschlossen war. In der Mitte der Grube ist diese Grundmoräne
wallartig angehäuft. Reste dieses "Walles" sind auch an der
Nordwand zu beobachten. Er ist dort einige Meter mächtig.

Genetische Interpretation

Untere Grundmoräne:
Sie wurde während einer Vorstoss- oder Maximalphase gebildet.
Bei der wallartigen Anhäufung derselben handelt es sich womöglich um den Teil eines flute-Systems (vgl. Kap. B. 1.1. und Abb.
17). Feinkörnige Ablagerungen im Dach der Grundmoräne dürften
unter Bedingungen entstanden sein, wie sie bei der Bildung von
basal melt-out till herrschen (vgl. Kap. B. 1.1. und Abb. 17,18).
Fluvioglaziale Ablagerungen:
Wall- und Obermoränenmaterial wurde über kurze Distanzen verschwemmt. Die Schmelzwasser flossen in Richtung NNW gegen das
Thurtal hin ab (vgl. Fig. 22 und Fig. 27). Einzelne Eisblöcke
wurden eingeschottert. Ihr Abschmelzen führte zur Bildung von
Söllen, wie sie in dieser Gegend beobachtet werden können.
Obere Grundmoräne:
Der Gletscher überfuhr die fluvioglazialen Ablagerungen bis
etwa in die Mitte der Grube. Während dieses Stadiums dürfte er
die Wallmoräne gebildet haben, die in Richtung NNW über Rütibuck und Isenberg verläuft. H. Graul, 1962, weist die Wall-
Kette dem Altener Stadium zu.
"Verwitterungstaschen":
Die Toteislöcher (Sölle) wurden vorerst im Permafrostbereich
und später im Postglazial mit eingeschwemmtem Feinmaterial gefüllt. Aehnliche Beobachtungen beschreibt O. Keller, 1973.

Glazialtektonische Erscheinungen:
Von besonderem Interesse sind die glazialtektonischen Erscheinungen in dieser Grube. Aehnliches beschreiben H. Jäckli, 1958,
und C. Schindler, 1978, bei Andelfingen und Aadorf.
Verwerfungen und Verbiegungen der Sand- und Schotterschichten
(vgl. Abb. 15) treten nur in dem Grubenbereich auf, wo die

obere Grundmoräne fehlt, d.h. im westlichen Teil. Es scheint
also nicht der von Osten vorstossende Gletscherlappen dafür
verantwortlich zu sein, sondern ein aus Richtung Süden vor-
stossender. Das im östlichen Teil der Grube liegende Eis könnte damit sogar durch sein Gewicht das darunterliegende Schotterpaket vor einer Verstellung bewahrt haben. Der sich von
Süden aus dem Raum Hettlingen bis Henggart (Burgstall) vor-
schiebende Lappen vermochte indessen die westlichsten Schotterpartien in gefrorenem Zustand zu verbiegen und seltener
sogar aufzubrechen (vgl. U. Käser, 1975, und Abb. 15).

Abb. 15 : Kiesgrube Henggart, Ostwand (Koord: 694'35o/269'2oo):
Situation im Sommer 1974
Die Sand- und Schotterschichten sind Z-förmig gefaltet.
Diese Erscheinung ist als glaziale Stauchung zu deuten
(Druckwirkung von links nach rechts).

OSTEN

WESTEN

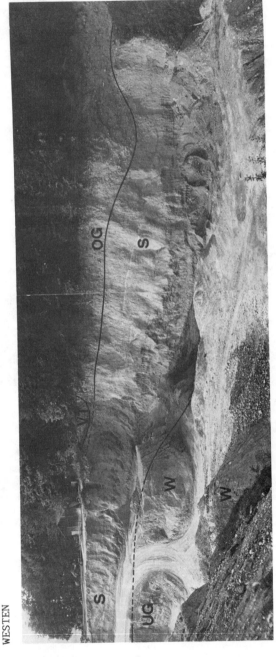

Abb. 16: Kiesgrube Henggart, Südwand (Koord: 694'4oo/269'25o, 44o):
Blick gegen Nordwesten, Situation 1974

VT = "Verwitterungstasche" mit entkalktem, tonigem Schluff (vgl. Kap. B. 2.2.1.)
OG = obere Grundmoräne
S = fluvioglazialer Schotter
UG = untere Grundmoräne, teilweise wallartig angehäuft (W)

- 89 -

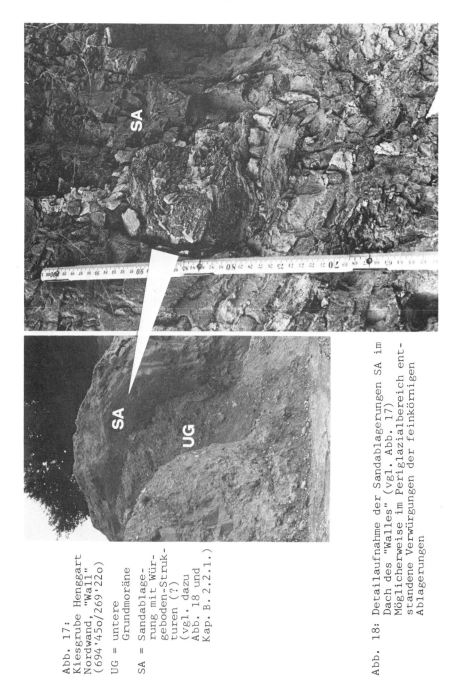

Abb. 17:
Kiesgrube Henggart
Nordwand, "Wall"
(694'45o/269'22o)

UG = untere
     Grundmoräne

SA = Sandablage-
     rung mit Wür-
     geboden-Struk-
     turen (?)
     (vgl. dazu
     Abb. 18 und
     Kap. B.2.2.1.)

Abb. 18: Detailaufnahme der Sandablagerungen SA im
         Dach des "Walles" (vgl. Abb. 17)
         Möglicherweise im Periglazialbereich ent-
         standene Verwürgungen der feinkörnigen
         Ablagerungen

- 9o -

Fig. 21: ZURUNDUNGSWERTE UND VERTEILUNG DES ERRATIKUMS
Proben aus der Kiesgrube bei Henggart: 1, 2

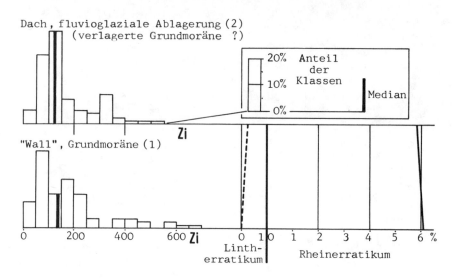

Dach, fluvioglaziale Ablagerung (2)
(verlagerte Grundmoräne ?)

20% Anteil
der
10% Klassen
Median
0%

"Wall", Grundmoräne (1)

Zi

0   200   400   600 Zi   0 1 0 1 2 3 4 5 6 %
Linth-   Rheinerratikum
erratikum

Fig. 22: EINREGELUNGSMESSUNGEN IN DER KIESGRUBE HENGGART
Proben aus den fluvioglazialen Schottern

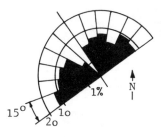

3m unter der Oberfläche im
westlichen Teil der Südwand
(Koord: 694'4oo/269'25o, 437)
Schüttungsazimut: 324°

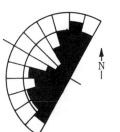

3m unter der Oberfläche im
westlichsten Teil der Nordwand
(Koord: 694'4oo/269'2oo, 437)
Schüttungsazimut: 298°

Chronostratigraphie

In der Kiesgrube bei Henggart sind zwei Grundmoränen aufgeschlossen. Die maximal 3m mächtige obere Grundmoräne ist einem
Vorstoss zuzuordnen, der im Bereich des Moränenwalles Dindli-
ken - Rütibuck - Isenberg seine maximale Ausdehnung fand. Dies
entspricht im Thurtal vermutlich der Eisrandlage zwischen Alten
und Flaach (vgl. Kap.C., Tab.3 und Fig.27).
Die untere Grundmoräne, die im Minimum 3m mächtig ist, zeigt
keinerlei Anzeichen einer Verwitterung. Das gleiche gilt für
die auf ihr liegenden Erratiker. Auch sonst ist im gesamten
Profil, mit Ausnahme der obersten Verwitterungszone, das Material von einheitlich frischem Aussehen. Ferner konnten keine
Sedimente beobachtet werden, die zweifelsfrei während einer
Warmzeit gebildet worden waren.
Aus diesen Gründen muss angenommen werden, dass die beiden
Grundmoränen während verschiedener Vorstoss- oder Stagnations-
phasen derselben Eiszeit (der letzten) gebildet wurden.

2.2.2. Die "Rosenbergschotter" bei Veltheim

J. Weber, 1924, erwähnt, dass die Schotter bei Veltheim zwischen
Rosenberg und Neuwingert möglicherweise Relikte einer risszeit-
lichen Talfüllung darstellen. Das Tal hätte sich von Grafstall -
Rossberg - Güholz über Winterthur - Veltheim - Hettlingen -
Henggart bis ins Thurtal erstreckt.
Die geröllpetrographische Zusammensetzung der Schotter von Veltheim im Vergleich mit jenen von Henggart (analysiert von E. Geiger, 1961) zeigt, dass diese genetische Interpretation sinnvoll
ist. Die Schotter können aber, wie unten dargelegt wird, auch
auf andere Weise entstanden sein. Ihre Datierung ist nach wie
vor ungesichert.
Das generelle Profil (nach G. Styger, 1974) zeigt auf der Ost-
seite des Tales folgenden Aufbau (vgl. U. Käser, 1975) - von unten nach oben :
- Untere Grundmoräne: Der Molasse liegt eine ca. 10m mächtige
  Grundmoränenschicht auf, die von dünnen Schotterbändchen
  unterbrochen wird.
- Untere Seetone: Sie sind 2 bis 3m mächtig.
- "Rosenbergschotter", ca. 10m mächtig
- Obere Seetone, 2 bis 3m mächtig
- Obere Grundmoräne: Eine 3 bis 6m mächtige Grundmoränenschicht
  bedeckt die Lockergesteinsabfolge.
Die durch Kernbohrungen aufgeschlossenen Lockergesteine zeigten
mit Ausnahme der verwitterten Molasseoberfläche keine Verwitte-
rungshorizonte.
Bezüglich der Genese ist die Tatsache wichtig, dass die Ablagerungen über der unteren Grundmoräne höher als das Niveau des
heutigen Talbodens liegen. Zudem ist es unwahrscheinlich, dass
der zentrale und westliche Teil des Tales nach der letzten Eiszeit ausgeräumt wurde , da die Töss dieses Gebiet nicht mehr erreichte. Die Abhänge des Wolfensberges tragen lediglich eine
mehr oder weniger mächtige Grundmoränendecke.
Die Entstehung der Ablagerungen kann wie folgt skizziert werden:
- Während eines ersten Vorstosses wird die untere Grundmoräne
  gebildet.
- In einer Abschmelzphase entsteht zwischen dem Eis, das im Tal
  von Winterthur liegt, und dem Gletscherlappen, der von Ohringen

her vorstiess, ein See. Darin kommt es zur Bildung von See-
tonen.

- Bei einem verstärkten Abschmelzen des Eises (oder einer Aende-
rung der hydrographischen Verhältnisse) werden wiederum zwischen den Eismassen sand- und siltreiche Schotter abgelagert.
- Hierauf folgt wieder eine kühlere Klimaphase mit geringer
Wasserführung, so dass erneut Seetone gebildet werden.
- Es kommt nochmals zu einem Vorstoss der Gletscher, was durch
die obere Grundmoräne dokumentiert wird.

Nimmt man an, die Oberflächen von Schotter und Seeton seien
nicht erosiv verändert worden, lässt sich ein leichtes Einfallen
derselben etwa gegen Norden feststellen. Dies würde bedeuten,
dass sie vom Gletscherlappen, der über Winterthur lag, geschüttet wurden.

Die beiden Grundmoränen müssen nicht zwangsläufig zwei verschiedenen Eiszeiten zugeordnet werden. Es kann sich um eine erste
("untere") und zweite ("obere") Phase der gleichen, letzten
Eiszeit handeln, welche die Bildung der direkten Gletscherabla-
gerungen verursacht haben.

2.2.3. Seebodenlehm bei Neftenbach

Sondierbohrungen für einen Brückenbau (Baugrundarchiv des Kantons Zürich) haben ergeben, dass in der Gegend des Dorfes Neftenbach unter einer 2.7om mächtigen, sandigen Schotterschicht mindestens 12m Seebodenlehm (Oberfläche auf 4o9,5m ü. M.) folgen, der glazial nicht vorbelastet ist. Seine Ausdehnung ist ungewiss, doch erscheint die Schicht am Terrassenhang südwestlich Neftenbach nicht (vgl. Fig. 18).

Genetische Interpretation

Der Seebodenlehm ist offenbar in eine Vertiefung des Untergrundes - es könnte sich dabei um eine geschlossene Hohlform in der Molasse handeln, die 3oom unterhalb des Dorfes nahe an die Oberfläche tritt - abgelagert worden.
Nach der Beschreibung im Bohrprotokoll entspricht die Fazies des Seebodenlehms jener der "Pfungener-Schicht". Die beiden Sedimente entstanden wohl unter denselben Bildungsbedingungen. Die hangenden Schotter sind mit jenen zu korrelieren, die der "Pfungener-Schicht" aufliegen. Aus diesen Gründen wird vorläufig der Seebodenlehm bei Neftenbach zeitlich mit der "Pfungener-Schicht" korreliert.
Sicher ist, dass der Seebodenlehm nicht mehr vom Gletscher überfahren wurde. Damit ergibt sich eine mögliche Korrelation zwischen dem im Tal von Seuzach - Neftenbach liegenden Gletscherlappen und demjenigen im Tal von Winterthur. Danach lag das Eis während des Vorstosses im Anschluss an die Sedimentation der "Pfungener-Schicht" (Schlierenstadium?) mindestens im Gebiet der Winterthurer Altstadt (vgl.Kap.B.1.5.),während es gleichzeitig Neftenbach nicht mehr erreichte .

2.3. Das Gebiet südlich Winterthur

Der grösste Teil dieses Gebietes ist nur zur Zeit der maximalen
Ausdehnung des "Würm"gletschers vom Eis bedeckt gewesen. Entlang
des südlichen Eisrandes flossen grosse Mengen Schmelzwasser ab.
    Das Gelände steigt generell gegen Süden an. Stiess das
Eis des Rhein-Thur-Gletschers an die nach Norden abfallenden
Molassehänge, so stauten sich an diesen Stellen die Schmelzwas-
ser. Verschiedene Beobachtungen bestätigen dies:
- Bänderton (Seebodenablagerung) nordöstlich Kollbrunn (vgl. M.
  Steffen, 1964),
- Deltaschichtung in der Kiesgrube Chüeferbuck (vgl. Kap.B. 2.3.1.),
- Groblagen im Embracher-Schotterfeld, die während katastropha-
  ler Schmelzwasserausbrüche gebildet wurden (vgl. Kap.B. 1.1.).
    Nach M. Steffen, 1964, ist der Gletscher bis an die
Kyburger Höhe vorgestossen. Dadurch war der Abfluss der Wasser
aus dem Tösstal und der Bichelseerinne zumindest behindert.
Beim Eingang ins Kempttal stiess möglicherweise der Linth-Glatt-
tal-Gletscher an das Eis des Rhein-Thur-Gletschers. Damit entstand ein weiteres Hindernis für die Schmelzwasser. Auch der öst-
lichste Teil des Dättnaus dürfte damit zeitweise blockiert gewesen
sein. Der über Wülflingen Richtung Süden vorstossende Lappen (vgl. F.
Kaiser, 1972) riegelte das Dättnau bei Neuburg ab.
Sobald sich diese Sperren durch das Abschmelzen des Eises öffne-
ten, können grosse Wassermengen katastrophenartig Richtung Embrach und unteres Tösstal abgeflossen sein (vgl. Kap.B. 1.1.).
    Beim Vorstoss zum zweiten Maximum ("klassisches Maximum")
der letzten Eiszeit dürfte die Rinne Kollbrunn - Dättnau - Rumstal offen geblieben sein. Die Moränenablagerungen im südlichen
Eschenbergraum und bei Iberg entstammen vermutlich diesem zweiten Vorstoss.
Während des Vorstosses, dem im Thurtal die Eisrandlage zwischen
Alten und Flaach (Schlierenstadium?, vgl. Kap.C., Tab.3 und Fig.
27) zuzuordnen ist, erreichte der Gletscher nur noch das Gebiet
von Seen. Ob die Wallmoränen Gotzenwil - Oberseen während dieses
Vorstosses entstanden sind, ist ungeklärt.

2.3.1. Kiesgrube Chüeferbuck (Koord: 696'55o/259'15o, 535)

Die heute stillgelegte Kiesgrube befindet sich im westlichen
Teil des Eschenberges, unweit des Wildparkes.
Gegenwärtig beobachtet man folgenden Aufbau:
Die untere Einheit wird durch einen deutlich fluviatil gepräg-
ten, stark verkitteten Schotter gebildet (vgl. Fig. 23). Delta-
schichtung und Uebergussschichten belegen die Ablagerung in
ein stehendes Gewässer. Die Schichten fallen gegen NNW ein.
Die Schotter der Uebergussschicht sind wesentlich gröber.
Auf dieser unteren Einheit, deren Basis nicht aufgeschlossen
ist, liegt eine stark verwitterte Grundmoräne. Deren petrographische Zusammensetzung weicht deutlich von jener der unteren
Einheit ab (vgl. Fig. 23).

Abb. 19: Kiesgrube Chüeferbuck, Ostwand (Koord: 696'55o/259'15o):

      GM = Grundmoräne
      US = Uebergussschicht
      DS = Deltaschichtung

Fig. 23: ZURUNDUNGSWERTE UND VERTEILUNG DES ERRATIKUMS

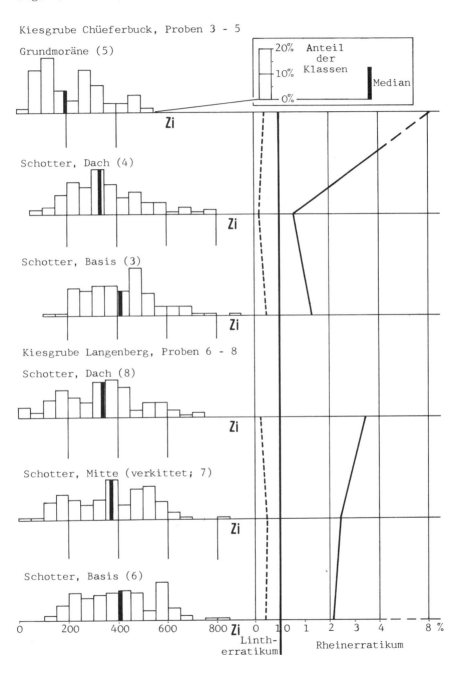

2.3.2. Kiesgrube Langenberg (Koord: 696'25o/258'8oo, 53o)

Sie befindet sich 45om südwestlich der Kiesgrube Chüeferbuck,
auf etwa derselben Höhe. 1978 ist der Abbau intensiviert wor-
den. Die folgende Beschreibung bezieht sich auf frühere, klare
Aufschlussverhältnisse.
Mengenmässig überwiegen Schotter mit gut gerundeten Komponenten,
die in einer etwa 1om breiten, von oben nach unten verlaufenden
Zone, verkittet sind. Diese Zone enthält auch viele grosse
Steine, und dunkle Kalke sind häufig leicht geschrammt. Die
Zurundung nimmt von oben nach unten zu (vgl. Fig. 23), wobei
die Z_i-Werte in der verkitteten Zone etwas kleiner sind.

Es lässt sich kein deutlicher Unterschied in der petrographischen Zusammensetzung der einzelnen Schotterpartien
beobachten (vgl. Fig. 23).
Die Schotter werden von einem Gemisch aus Sand, gut gerundeten
Geröllen und grösseren Steinen überlagert. Besonders die Steine
sind meist deutlich geschrammt. Die Zurundung entspricht aber
jener von überwiegend fluviatil geprägtem Schotter. Die mehrmodale Verteilung der Zurundungswerte lässt darauf schliessen,
dass es sich um vom Gletscher umgelagertes Schottermaterial
handelt ("Mehrgenerationen-Sediment").
Nichts spricht dafür, dass die verkitteten Schotter eine be-
sondere lithostratigraphische Einheit (vgl. Kap.B. 1.1.) darstellen. Vielmehr dürfte es sich um eine Zone mit verstärkter
Wasserzirkulation handeln, begünstigt durch diese etwas grob-
körnigere Schotterpartie.

2.3.3. Gedanken zur Genese der "Eschenbergschotter"

"Chüeferbuck"- und "Langenberg-Schotter" weisen gemeinsame Züge
auf:
- Bei beiden ist das Lintherratikum selten. Eine Schüttung
  durch die Schmelzwasser des Linth-Gletschers aus dem Kempttal ist aus diesem wie aus anderen Gründen (Tösslauf) unwahrscheinlich.
- Die Zurundung nimmt in den "Chüeferbuck"- wie in den Langen-
  berg-Schottern" nach oben ab.
Die beiden Schotter werden deshalb unter dem Begriff "Eschen-
bergschotter" zusammengefasst.
Trotzdem ist eine Korrelation der "Chüeferbuck"- mit den "Lan-

genberg-Schottern" nicht gesichert, da in der Kiesgrube Langenberg weder die Deltaschichtung noch die Grundmoräne, die in der Kiesgrube Chüeferbuck aufgeschlossen sind, beobachtet werden können.

Die Schmelzwasser des über Winterthur vorstossenden Rhein-Thur-Gletschers flossen wohl hauptsächlich an seinem Südrand ab. Bei Steigmühle hat möglicherweise das Eis selbst die Schmelzwasser gestaut. So konnte es zur Bildung eines kleinen Deltas (aufgeschlossen in der Kiesgrube Chüeferbuck) kommen.

In der Folge dehnte sich der Gletscher jedoch noch weiter aus und überfuhr die vorher abgelagerten Schotter. In der Grundmoräne der Grube Chüeferbuck erreicht der Anteil des Rheinerratikums mit 8% den höchsten Wert aller Proben (vgl. Fig. 23).

2.3.4. Aufschlüsse im Gebiet zwischen Seen und Kollbrunn

Dieses Gebiet ist schlecht aufgeschlossen. Die ehemals vorhandenen Kiesgruben sind aufgelassen und die Aufschlusswände verschüttet oder überwachsen.

Trotzdem sind die folgenden Punkte als gesichert zu betrachten:
- Es handelt sich um ein Zungenbecken.
- Ein gut ausgebildeter Moränenwall schliesst das Zungenbecken von Taholz über Iberg bis Hohwart gegen Süden ab.
- Der Gletscher stiess aus Richtung Norden in dieses Gebiet vor.

Die eiszeitlichen Lockergesteine in dieser Gegend waren früher besser aufgeschlossen. J. Weber beschreibt in seinen Arbeiten von 19o8 und 1924 die geologischen Verhältnisse einiger wichtiger Lokalitäten:
- "Ibergschotter": Diese wurden östlich Sennhof, bei Mulchlingen und im Weiherhölzli ausgebeutet. Aufbau: Schicht von kiesigem Verwitterungslehm, darunter 1.5 bis 2m Moränenlehm mit vielen scharf gekritzten Kalkgeschieben, darunter ein bis 1om mächtiges Lager von Schotter.
- Der oben beschriebene Moränenwall war an drei Stellen gut aufgeschlossen. Ueberall treten die für einen Moränenwall typischen Sedimente auf.

Die Vermutung J. Hugs, 191o, die Töss sei einst von Kollbrunn
aus nach Seen und ins Winterthurer Tal geflossen, kann M. Steffen,
1964, bekräftigen. Er weist auf den breiteren, reiferen Querschnitt des Tösstales oberhalb Sennhof hin. Das enge, einphasig
gebildete Tal unterhalb davon müsse jünger sein. Steffen findet
weitere Indizien in Aufschlüssen um Kollbrunn und in geoelektrischen Widerstandsmessungen und einem seismischen Profil von A.E.
Süsstrunk, 1961/63 (zitiert in M. Steffen, 1964):
Danach floss die Töss bis zum Vorstoss des "Würm"gletschers in
diese Gegend von Kollbrunn aus über Bolsteren und das Tälchen
zwischen Chlösterli und Schartegg nach Ta. Ihren weiteren Lauf
nimmt Steffen von Gotzenwil über Felsenhof nach Seen an.

Die Laufänderung der Töss ist nicht zu bezweifeln. Pro-
blematischer ist deren zeitliche Einordnung. Folgende Täler
sollen (vgl. C. Schindler, 1978) als Schmelzwasserrinne während
der letzteiszeitlichen Maximalausdehnung entstanden sein (ge-
wirkt haben?): Bichelseerinne - Tösstal (Turbenthal - Reit-
platz) - Dättnau -,Rumstal. Nach der Richtung der Talachsen
und dem "Reifegrad" dieser Täler ist diese Korrelation anzunehmen.
Entstand diese Rinne gänzlich während der letzten Eiszeit?
Obwohl die Erosionsleistungen hier nicht konkret fassbar sind,
ist dies zumindest zweifelhaft. Wahrscheinlicher scheint deren
präletzteiszeitliche Anlage. Insofern ist auch die Datierung
der oben erwähnten Laufänderung der Töss zu überdenken.

C. DIE AUSDEHNUNG DES LETZTEISZEITLICHEN RHEIN-THUR-GLETSCHERS

Unter Verwendung der Resultate verschiedener Autoren[*] und unter
Einbezug der eigenen Untersuchungsergebnisse wird versucht, die
Ausdehnung des "Würm"gletschers zu verschiedenen Zeiten darzu-
stellen.

Folgenden Punkten wurde dabei ein besonderes Augenmerk geschenkt:
- den aus der Bearbeitung der Aufschlüsse resultierenden Erkenntnissen,
- der Höhenlage und dem Verlauf der Wallmoränen,
- der Lage und der Ausdehnung der Schotterfelder,
- dem Verlauf der Entwässerungsrinnen und
- dem mutmasslichen Molasserelief.

Inhalt und Legende der Kartenskizzen

Von den genannten Korrelationskriterien sind drei in die Skizzen
eingetragen: Wallmoränen, Schotterfelder und Entwässerungsrinnen.

Zu beachten ist, dass es sich jeweils um "Momentaufnahmen" handelt. Alle vorangegangenen Ereignisse sind berücksichtigt, aber
nicht dargestellt.

Das Gewässernetz entspricht den heutigen Verhältnissen und ist
lediglich als Orientierungshilfe gedacht.

Legende für die folgenden Figuren 24 bis 29:

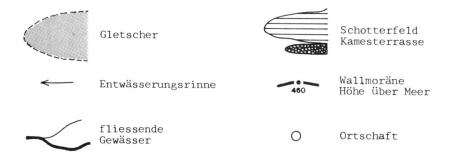

Gletscher	Schotterfeld / Kamesterrasse
Entwässerungsrinne	Wallmoräne / Höhe über Meer (460)
fliessende Gewässer	Ortschaft

* H. Graul, 1962; M. Steffen, 1964; R. Hantke, 1967; L. Ellenberg, 1972; W.A. Keller, 1977; C. Schindler, 1978; O. Keller
  und E. Krayss, 1979

Tab. 3: KORRELATIONSVERSUCH DER EISRANDLAGEN ("WUERM"GLETSCHER)

Alter:	Eisrand bei:			
	Linth-Rhein-Gletscher (C. Schindler,1968)	Rhein-Thur-Gletscher		
		Thurtal s.l.	östliches Arbeitsgebiet	Tösstal s.l.
Hauptteil Zürichstadium	Zürich	zwischen Andelfingen und Dätwil	östlich Niederwil, Eschlikon, Welsikon	eisfrei
frühes Zürichstadium	Altstetten	Alten	Adlikon, Dägerlen, Seuzach	eisfrei
Schlierenstadium	Schlieren	zwischen Alten und Flaach	Henggart	Sporrer bei Wülflingen, Veltheim, Altstadt Winterthur
?	?	Jestetten - Steinenkreuz, Flaach		zwischen Pfungen und Neftenbach
spätes Killwangenstadium	Killwangen-Spreitenbach	Rüdlingen II Gräslikon	vollständig eisbedeckt (keine Nunatakkr)	Dättlikon
Killwangen Hauptstadium	Killwangen	Rüdlingen I Ober-Buch	vollständig eisbedeckt (keine N.)	zwischen Embrach und Rorbas

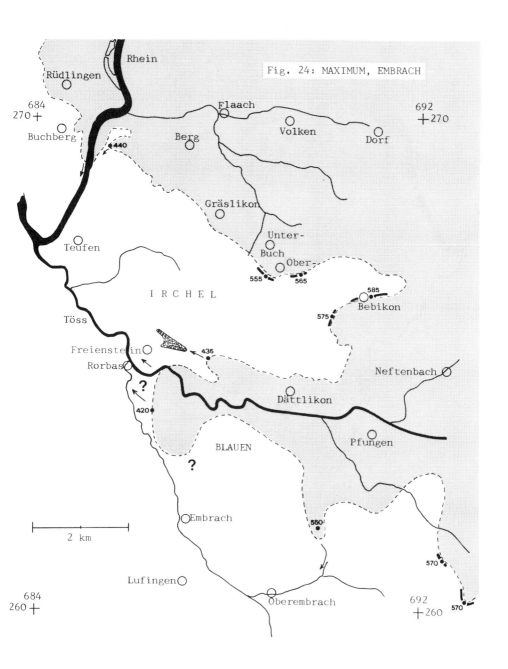

Fig. 24: MAXIMUM, EMBRACH

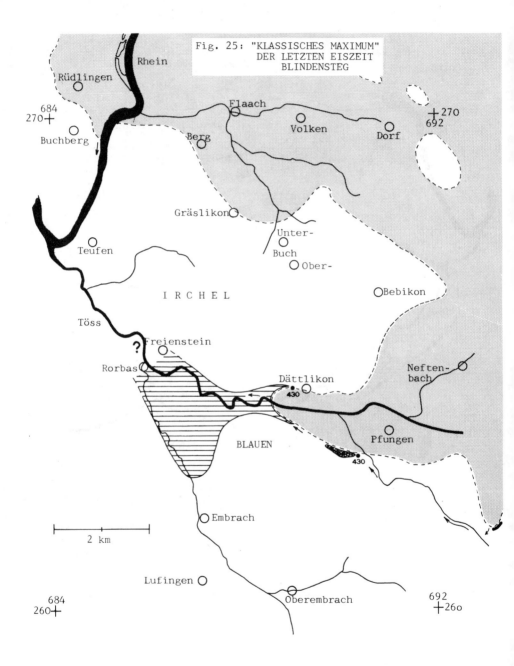

Fig. 25: "KLASSISCHES MAXIMUM"
DER LETZTEN EISZEIT
BLINDENSTEG

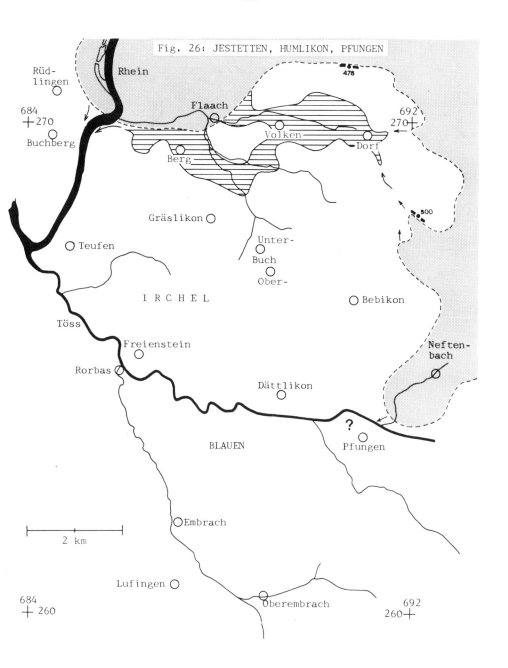

Fig. 26: JESTETTEN, HUMLIKON, PFUNGEN

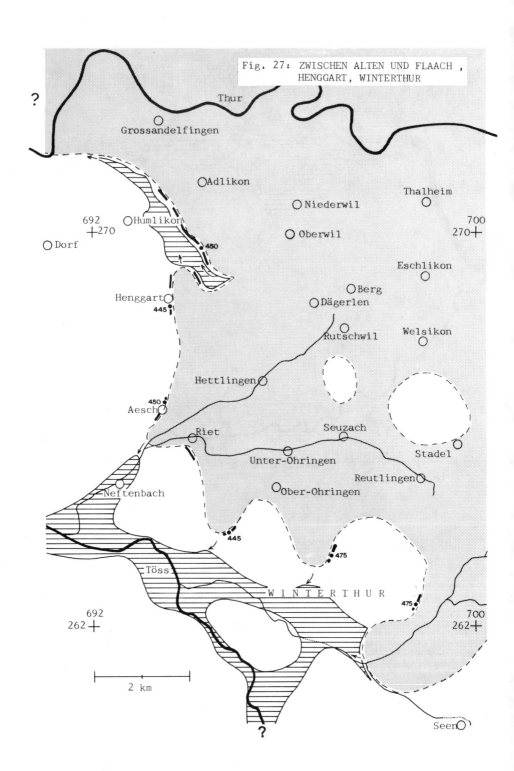

Fig. 27: ZWISCHEN ALTEN UND FLAACH, HENGGART, WINTERTHUR

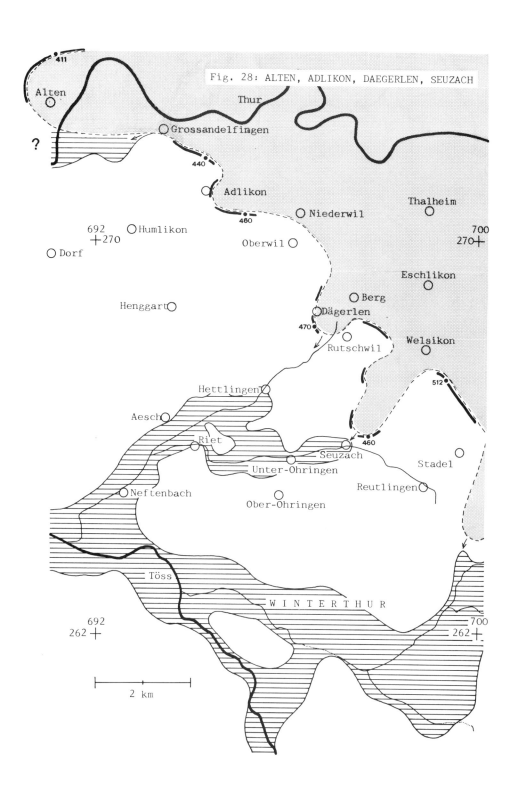

Fig. 28: ALTEN, ADLIKON, DAEGERLEN, SEUZACH

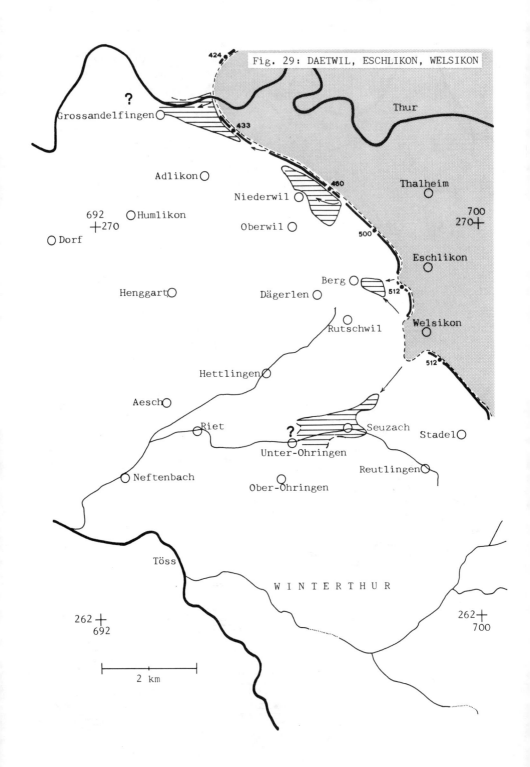

Fig. 29: DAETWIL, ESCHLIKON, WELSIKON

D.   POSTGLAZIALE UMGESTALTUNG DER LANDSCHAFT

1.   Nacheiszeitliche Schotterumlagerungen im Neftenbacher-
       Schotterfeld

1.1.   Die topographischen und geologischen Verhältnisse

Das Neftenbacher-Schotterfeld dehnt sich von Seuzach bis Neftenbach aus. Hier vereinigte es sich vor der Erosion durch die
Töss mit dem Winterthurer-Schotterfeld. Wie Inseln ragen aus
der Schotterebene Drumlins und Moränengebiete heraus.
J. Weber, 1924, nimmt für die "Neftenbacher-Schotter" eine durch-
schnittliche Mächtigkeit von 1o bis 15m an. Deren Gefälle be-
rechnete er wie folgt: im nordöstlichen Teil 8.5%o,
                       im mittleren Teil 4%o,
                       gegen das südliche Ende weniger als 4%o.
Die Schotter sind schlecht sortiert und mässig gerundet. Kratzer
fehlen auf den Geröllen, deren Durchmesser selten 1ocm über-
steigt.
Das Schotterfeld von Neftenbach - Seuzach ist aus mehreren
Schwemmfächern zusammengesetzt, die von verschiedenen Eisrandlagen aus geschüttet wurden (vgl. U. Käser, 1975, und Kap. C).
Trotzdem ist nur ein Akkumulationsniveau zu beobachten. Diese
Tatsache ist wie folgt zu interpretieren:
- Die verschiedenen Schmelzwasserbäche vereinigten sich auf dem
  selben Niveau.
- Spätere Schüttungen vermochten die vorangegangenen umzulagern
  und niveaumässig auszugleichen.
Molasseerhebungen begrenzen das Schotterfeld im Westen, Süden
und Nordosten. Flache Wasserscheiden liegen im Osten und Norden,
gegen Südwesten öffnet es sich zum Tösstal hin.

1.2.   Hydrologische Verhältnisse

Der Chrebsbach entwässert das südliche Neftenbacher-Schotterfeld,
sowie die südlich anschliessenden Gebiete, insgesamt bis Riet
eine Fläche von ca. 16.6km2. Dem Wisenbach fliesst das Wasser
aus dem 13.2km2 grossen nördlichen Teilgebiet zu. Das Wasser
dieser beiden Bäche wird vom Näfbach durch den südwestlichsten
Teil des Schotterfeldes der Töss zugeführt.
Einzugsgebiete, mittlere Wasserführung und Gefälle aller Bäche
sind gering. Hydrogeologische Untersuchungen (H. Jäckli, 1967)

ergaben, dass das Grundwasser des südlichen Teiles des Neftenbacher-Schotterfeldes südöstlich Riet gestaut wird und um den
Molassehügel Juch herum gegen Neftenbach abfliesst.

1.3. Niederschlagswerte

Das Jahresmittel beträgt für Oberwinterthur 1o39mm (H. Uttinger,
1965). Von besonderem Interesse hinsichtlich der Fragestellung
sind jedoch die kurzfristigen Spitzenwerte, die zu Ueberschwemmungen führen können. D. Steiner, 1953, hat diese für Kollbrunn
zusammengestellt. Für das etwas alpenferner liegende Einzugsgebiet des Neftenbacher-Schotterfeldes müssten diese allenfalls
ein wenig kleiner angesetzt werden.
In den 71 Beobachtungsjahren zwischen 1878 und 1948 erreichten
in Kollbrunn 2 Monate Niederschlagsmengen über 3oomm, 12 Monate
solche zwischen 25o und 299mm. Das absolute Tagesmaximum der Be-
obachtungszeit von 1877 bis 1949 wurde mit 126mm registriert.
Tägliche Niederschlagsmengen von mehr als 1oomm kommen durch-
schnittlich alle 35 Jahre einmal vor.
F. Schiesser, 1953, gibt Niederschlagshöhen während dreier Hochwasser (1876, 191o, 1953) an:

Station:	Hochwasser und Niederschläge:		
	1o.-12.Juni 1876	13.-15.Juni 191o	24.-27.Juni 1953
Kollbrunn	-	85 mm	11o mm
Winterthur	3o5 mm	72 mm	122 mm

Fig. 3o : LAGE DER AUFSCHLUESSE IM NEFTENBACHER-SCHOTTERFELD
(Geologie nach R. Hantke, 1967, und eigenen Aufnahmen)

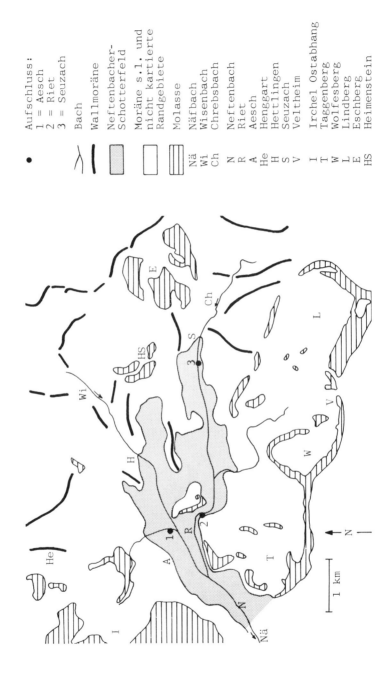

Aufschluss:
1 = Aesch
2 = Riet
3 = Seuzach

•

⋋⎮ Bach

Wallmoräne

Neftenbacher-
Schotterfeld

Moräne s.l. und
nicht kartierte
Randgebiete

Molasse

Nä Näfbach
Wi Wisenbach
Ch Chrebsbach

N   Neftenbach
R   Riet
A   Aesch
He Henggart
H   Hettlingen
S   Seuzach
V   Veltheim

I   Irchel Ostabhang
T   Taggenberg
W   Wolfesberg
L   Lindberg
E   Eschberg
HS Heimenstein

Fig. 31 : GEOLOGISCHE PROFILE AUS DEM NEFTENBACHER-SCHOTTERFELD

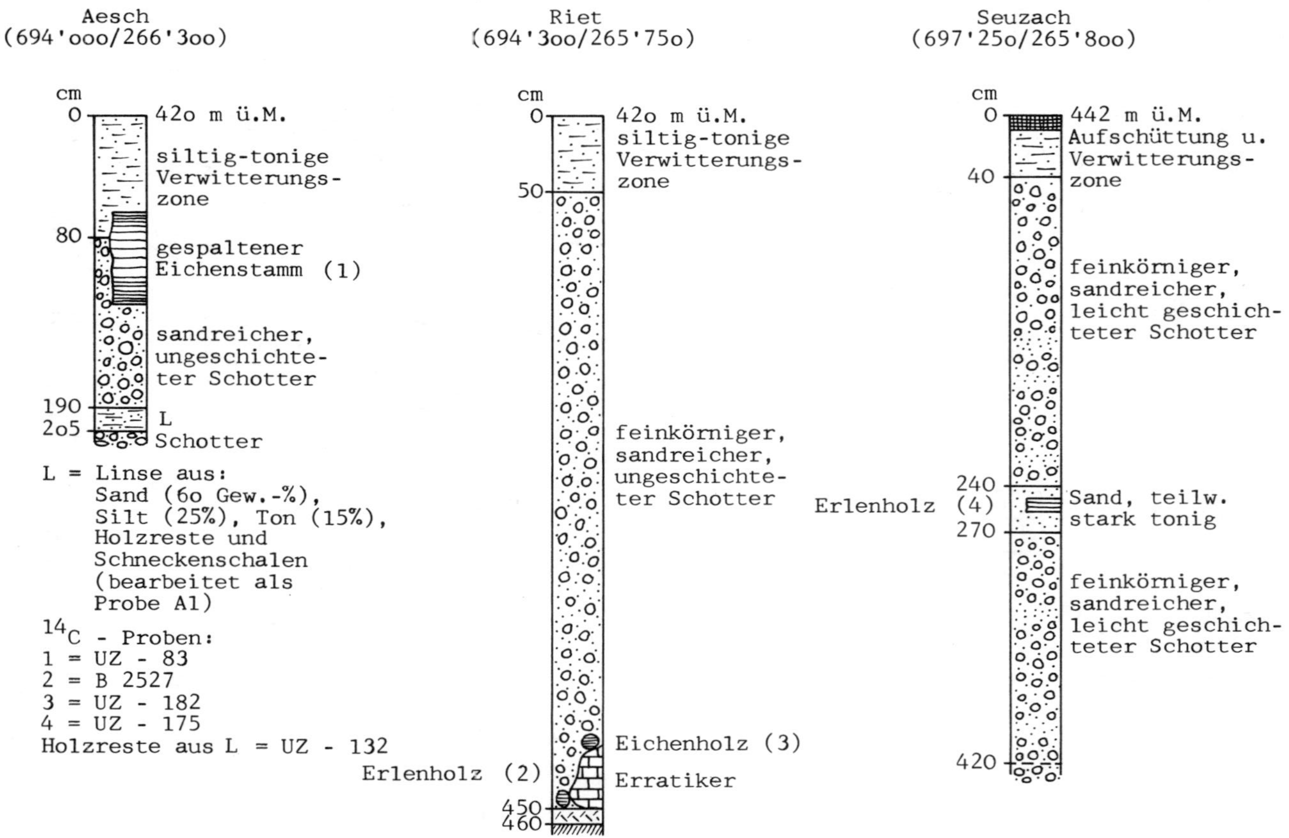

Aesch
(694'ooo/266'3oo)

420 m ü.M.

siltig-tonige
Verwitterungs-
zone

gespaltener
Eichenstamm (1)

sandreicher,
ungeschichte-
ter Schotter

L
Schotter

cm
0

80

190
2o5

L = Linse aus:
Sand (6o Gew.-%),
Silt (25%), Ton (15%),
Holzreste und
Schneckenschalen
(bearbeitet als
Probe A1)

14C - Proben:
1 = UZ - 83
2 = B 2527
3 = UZ - 182
4 = UZ - 175
Holzreste aus L = UZ - 132

Riet
(694'3oo/265'75o)

42o m ü.M.
siltig-tonige Verwitterungszone

feinkörniger,
sandreicher,
ungeschichte-
ter Schotter

Eichenholz (3)
Erratiker

Erlenholz (2)

cm
0

50

450
460

Seuzach
(697'25o/265'8oo)

442 m ü.M.
Aufschüttung u.
Verwitterungs-
zone

feinkörniger,
sandreicher,
leicht geschich-
teter Schotter

Sand, teilw.
stark tonig

feinkörniger,
sandreicher,
leicht geschich-
teter Schotter

cm
0

40

240
(4)
270

Erlenholz

420

1.4. Interessante Aufschlüsse

1.4.1. Aesch (Koord: 694'000/266'300, 420; vgl. Fig. 30)

Während der Feldarbeit entstanden anlässlich der Korrektions-
arbeiten an den Bächen im Neftenbacher-Schotterfeld laufend
neue Aufschlüsse, die jedoch heute nicht mehr zugänglich sind.
Bei Aesch war der Schotter bis in eine Tiefe von 2m aufgeschlossen (vgl. Fig. 31).

Linse aus sandig-tonigem Material mit organischen Resten

Von besonderem Interesse war eine Linse (A1; Relikt?) aus sandig-tonigem Material im Profil (vgl. Fig. 31 und Abb. 20). Die
Bestimmung des Gehaltes an organischem C nach Walkly und Black
ergab mit 2% einen recht hohen Wert.
Durch vorsichtiges Schlämmen -mit einem feinen Wasserstrahl wurde
die Probe durch Siebe unterschiedlicher Maschenweite hindurch-
geschwemmt - wurden die organischen Makroreste vom übrigen Material getrennt. Neben Holzresten konnten so auch Gastropodenschalen gefunden werden.
Die 14C-Datierung der Holzreste - es handelte sich, soweit be-
stimmbar, ausschliesslich um Weide(Salix sp.)- ergab ein Alter von
$$10'575 \pm 225 \text{ y BP (Labornummer: UZ - 132).}$$

Eichenstamm (Quercus sp.)

In den obersten Schichten des gut gewaschenen Schotters lag
leicht eingebettet ein ca. 6m langer Eichenstamm. Er mochte ur-
sprünglich einen Umfang von etwa 2.20m gehabt haben, jetzt lag
nur noch die eine Hälfte des Stammquerschnittes vor. Eine Stamm-
scheibe davon wurde von Dr. B.Becker, Universität Hohenheim, dendro-
chronologisch datiert. Danach lag das Endjahr ziemlich genau bei 2400
v. Chr. Eine endgültige Altersangabe war deshalb nicht möglich,
weil die bronzezeitliche Chronologie am Anfang nur durch eine
einzige Probe belegt war.
Eine 14C-Datierung der äussersten Jahrringe ergab später aber
ein Alter von
$$4245 \pm 85 \text{ y BP (Labornummer: UZ - 83).}$$
Damit war die dendrochronologische Datierung bestätigt, und mit
diesem Fund konnte die 1300 Jahrringe umfassende bronzezeitliche
Chronologie von Dr. B. Becker um 16 Jahre zurückverlängert
werden.

Schotter

Abb. 2o: Aufschluss Aesch (Koord: 694'ooo/266'3oo):

Ⓛ = Linse (bearbeitet als A1), enthaltend: Sand, Ton, Holzreste und Schneckenschalen; gegen rechts auskeilend, teilweise herausgestochen

① = Lage des Eichenstammes

② = weitere Holzreste in den obersten Schotterschichten, nicht 14C-datiert

Tab. 4 : AUSWERTUNG DER IN PROBE A1 GEFUNDENEN GASTROPODEN-
SCHALEN (ausgeführt von Herrn Dr. H. Turner, Eidg. An-
stalt für das forstliche Versuchswesen, Birmensdorf):

Artenliste und Anzahl Exemplare	Oekologische Charakteristik	Paläoklimatische Charakteristik
Columella columella G. v. Martens, 183o 5 Exemplare	offene Standorte, v.a. im Rasen zwischen Steinen d. alpinen Region	hochkaltzeitliche Leitart (v.a. im Löss und in ent- sprechenden Bil- dungen)
Pupilla muscorum f. pratensis Clessin, 1871 * 36 Exemplare	im Rasen offener Standorte (insbe- sondere in feuch- ten, torfhaltigen Wiesen)	vorwiegend kalt- zeitlich
Trichia concinna (Jeffreys, 183o) 1 Exemplar (juv.)	mittelfeuchte Standorte, meist in Talauen, auch im Schutt bis in die alpine Region	vorwiegend kalt- zeitlich (auch im Löss)
Trichia plebeja (Draparnaud, 18o5) 2 Exemplare	standortmässig ziemlich indiffe- rent	sowohl kalt- als auch warmzeitlich (auch im Löss)
Succinea oblonga Draparnaud, 18o1 23 Exemplare	jetztzeitlich an feuchte, jedoch nicht nasse Standorte gebun- den (pleistozäne Formen z.T. an trockene Umwelt angepasst)	vorwiegend kalt- zeitlich (üblicher- weise im Löss, aber auch in anderen Ab- lagerungen)
Vertigo parceden- tata A. Braun, 1847 16 Exemplare	auf feuchten bis nassen, meist torfigen Wiesen	v.a. in feuchten Abschnitten von Kaltzeiten (meist in Sumpfablage- rungen, nicht im Löss)
Galba truncatula (Müller, 1774) 2 Exemplare (davon 1 juvenil)	in kleinen Gewäs- sern und auch am Lande in Wasser- nähe	sowohl in kalt- als auch warmzeitlichen Ablagerungen (stel- lenweise im Löss)

Nach Herrn Dr. Turner ist die Gastropodenfaunula eindeutig kalt-
zeitlich einzustufen, vor allem, wenn man die Individuenzahl
berücksichtigt. Aufgrund des sehr guten bis ausgezeichneten Er-
haltungszustandes der Schalen ist nach ihm eine Umlagerung von
weither ausgeschlossen.

* Dazu liegt eine andere Bestimmung (durch Herrn M. Wüthrich,
Boll-Sinneringen) vor: Pupilla loessica Ložek, 1954

Abb. 21: Gastropodenschalen aus Probe A1 (Aesch: 694'ooo/266'3oo)

Columella columella
G. v. Martens, 183o

Pupilla muscorum f. pratensis Clessin, 1871
(vgl. Tab. 4)

Succinea oblonga Draparnaud, 18o1

Vertigo parcedentata
A. Braun, 1847

Alle Gastropodenschalen sind im selben Vergrösserungsmassstab dargestellt.

Vergleichsmassstab: ├──────── 3 mm ────────┤

(Aufnahmen Dr. G. Bazzigher, EAFV)

1.4.2. Riet (Koord: 694'3oo/265'75o, 42o; vgl. Fig. 3o)

Lediglich bei Riet war der Molassefels unter den quartären Ablagerungen aufgeschlossen. Während die Schotter im Profilbe-
reich (vgl. Fig. 31) noch ca. 4.5om mächtig sind, keilen sie
nach Norden zu einem 5ocm dünnen Band aus, das dort direkt
der Molasse aufliegt. Die Molasse bildet hier eine Schwelle,
die das Grundwasser staut (vgl. Abb. 22 und Kap. D. 1.2.) Gegen
Norden sinkt die Felsoberfläche dann rasch wieder ab, wie aus
ihrem Fehlen in der nahen Kiesgrube geschlossen werden darf.

Wie dem Profil (Fig. 31) entnommen werden kann, liegen
auf der Molasse grosse Steine und ein Erratiker in einer lehmi-
gen Schicht. Diese ist 'als Grundmoräne zu bezeichnen.
Unmittelbar auf der Grundmoräne fand sich beim Erratiker ein
kleines Aststück einer Erle (Alnus sp.). Seine 14C-Datierung
ergab ein Alter von

$3940\pm7o$ y BP (Labornummer: B-2527).

Ebenfalls an der Basis der Schotter lag unweit dieser Stelle
ein Stück Eichenholz (Quercus sp.). Sein 14C-Alter beträgt

$411o\pm9o$ y BP (Labornummer: UZ - 182).

Abb. 22: Aufschluss Riet (Koord: 694'3oo/265'8oo):
         Blick gegen Nordosten, 5om nördl. des Profils (Fig. 31)
         M = Molassemergel, S = Schotter

1.4.3. <u>Seuzach</u> (Koord: 697'25o/265'8oo, 442; vgl. Fig. 3o)

Die Aufschlussverhältnisse sind in Fig. 31 dargestellt. Die
sandige, oft stark tonige Schicht war über mehrere Meter hori-
zontaler Distanz aufgeschlossen und enthielt viele Holzreste.
Die Probe eines Stückes Erlenholz (Alnus sp.) ergab ein 14C-
Alter von

$$232o \pm 9o \text{ y BP (Labornummer: UZ - 175).}$$

Abb. 23: Aufschluss Seuzach (Koord: 697'25o/265'8oo):
tonreiche Sandschicht mit Holzresten, über- und unterlagert von je ca. 2m mächtigen Schotterschichten

1.5. Zusammenfassung der Befunde

- Zwei Holzproben von der Basis der "Neftenbacher-Schotter" bei
  Riet haben ein 14C-Alter von ca. 4ooo y BP.
- Etwa das selbe 14C-Alter weist ein Eichenstamm auf, der bei
  Aesch in den obersten Schotterschichten lag.
- Die beiden Holzproben, die zwischen zwei Schotterpaketen ge-
  funden wurden, ergeben sowohl das jüngste als auch das älteste
  Datum:
  Seuzach: 14C-Alter um 2ooo y BP,
  Aesch : 14C-Alter um lo'ooo y BP.

Fig. 32: ZUSAMMENFASSENDE DARSTELLUNG DER BEFUNDE IM
         NEFTENBACHER-SCHOTTERFELD

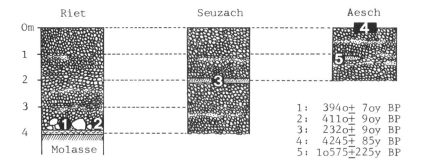

```
           Riet              Seuzach              Aesch
  Om
   1
   2
   3                                        1:   394o± 7oy BP
                                            2:   411o± 9oy BP
   4                                        3:   232o± 9oy BP
       | Molasse |                          4:   4245± 85y BP
                                            5: lo575±225y BP
```

1.6. Interpretation

Nach dem Zurückschmelzen des Gletschers ins Thurtal kam im Gebiet des Neftenbacher-Schotterfeldes kein alpines Geröllmate-
rial mehr zur Ablagerung. Andererseits steht fest, dass überall dort, wo holozäne Hölzer mit Schottern bedeckt sind, dieselben auch erst in der Nacheiszeit an diesen Stellen abgelagert
wurden. Offenbar fanden bedeutende Schotterumlagerungen statt;
dies in einem Gebiet, das ohne Zweifel ausserhalb des Einfluss-
gebietes der Töss lag.
Die 4m mächtigen Schotter bei Riet müssen während der letzten
4ooo Jahre geschüttet worden sein. Die 14C-Alter ergeben dabei
ein Maximalalter für den hangenden Schotter. Ferner ist zu be-

achten, dass die Hölzer direkt in der Basisgroblage auf der re-
liktischen Grundmoräne lagen. Aeltere Schotter waren entweder
nicht existent oder sind vorgängig erodiert worden.
Die Schotterumlagerung muss während Ueberschwemmungsphasen erfolgt sein. B. Becker, 1976, hat solche Phasen verstärkter Flussaktivität im Donau-, Main- und Oberrheingebiet nachgewiesen.
Diese können zeitlich überregional korreliert werden. Ab ca.
38oo v. Chr. beginnt in den genannten Flussgebieten eine fluviatile Aktivität, die bis 28oo v. Chr. andauert und dann zwischen
25oo und 16oo v. Chr. zur Entstehung des ersten Haupthorizontes
von Eichenstämmen in den südmitteleuropäischen Flussgebieten
führt. Diese Phase war mit einer ausgeprägten Seitenerosion und
Schotterverlagerung verbunden.
B. Becker hat seine Untersuchungen in grossen Flusstälern durchgeführt. Als Zeitmarken dienten ihm Eichenstämme, die teilweise
in grosser Zahl in bestimmten Horizonten gefunden werden konnten. Obwohl das Neftenbacher-Schotterfeld nicht in einem Fluss-
tal liegt und die Zahl der Holzfunde wesentlich geringer ist,
scheint doch eine offensichtliche genetische Vergleichbarkeit
zu bestehen.
Es dürfte auch im Neftenbacher-Schotterfeld von 38oo bis etwa
16oo v. Chr. zu grossen Ueberschwemmungen und damit verbundenen
Schotterumlagerungen gekommen sein (vgl. Fig. 32). Bei Aesch
erfasste die Umlagerung nur eine etwa 1m mächtige Schotterschicht.
Darunter liegt die Linse aus sandig-tonigem Material mit Gastropodenschalen, die zusammen mit den Hölzchen, deren Alter rund
1o'ooo Jahre beträgt, nicht umgelagert wurden (vgl. Tab. 4 und
Abb. 2o). Es besteht aber auch die Möglichkeit, dass der in
die obersten Schotterschichten eingebettete Eichenstamm, der
zweifellos während dieser Ueberschwemmungsphase deponiert wurde (laut schriftl. Mitteilung von B. Becker), auf älterem Material liegt.

Bei Riet wie bei Aesch oder Seuzach können die Schotter nicht
weiter gegliedert werden. Dies deutet evt. darauf hin, dass sie
in relativ kurzer Zeit, ohne markante Aenderungen im Sedimenta-
tionsablauf, geschüttet wurden und nachher "intakt" geblieben
sind.
Die mächtigere Akkumulation bei Riet kann durch die Verhältnisse der Molassetopographie erklärt werden. Es handelt sich hier

um eine Engstelle, durch welche das Wasser kanalisiert wurde,
und um eine Molasseschwelle, welche das Geröll- und Sandmaterial
aufhielt.

Jüngere Ueberschwemmungsphasen dürften die oberen 2m mächtigen
Schotter bei Seuzach gebildet haben. Das im Liegenden derselben
entdeckte Holz hat ein 14C-Alter von 232o±9o y BP. Somit dürfte
es zu Beginn des zweiten Haupthorizontes (nach B. Becker, 1976,
zwischen 277 v. Chr. und 236 n. Chr.) in Sand und Ton eingebettet worden sein.

1.7. Zusammenfassung

Im Neftenbacher-Schotterfeld lassen sich beträchtliche holozäne
Schotterumlagerungen nachweisen, obwohl dieses ausserhalb des
Einflussbereiches eines grösseren Baches oder gar Flusses liegt.

Zwei Phasen lassen sich anhand von 14C-Daten und einer
dendrochronologischen Korrelation zeitlich einordnen.
Es ergibt sich eine gute Uebereinstimmung mit den von B. Becker,
1976, durchgeführten Untersuchungen aus dem Donau-, Main- und
Oberrheingebiet.

2.　Holozäne Umgestaltung des Tösstales

Die glazialen Ablagerungen sind vorgängig besprochen worden
(vgl. Kap.B.1.4.). Im Bereich der Steilhänge und des Talbodens
fand auch in der Nacheiszeit eine dauernde Umgestaltung statt.
Selbst nach der Tösskorrektion ist der Talboden verschiedentlich überschwemmt und damit auch umgestaltet worden. Die Steilhänge in Molassemergelformationen weisen auch heute noch aktive Rutschzonen auf.

2.1.　Der Talboden

Hans Konrad Gyger stellt in seinem Plan des Kantons Zürich 1667
die Töss bei Pfungen als völlig verwilderten Fluss dar. An drei
Stellen verläuft der Fluss in diesem Talabschnitt bereits im
Molassefels:
- unterhalb Wülflingen bei Hard,
- gegenüber Pfungen zwischen Irchelabhang und Tössfeld und
- beim Eintritt in die Tössschlucht unterhalb Dättlikon.
Eine zeitliche Einstufung der Erosions- und Akkumulationsphasen
ist noch nicht eindeutig möglich. Es ist jedoch wahrscheinlich,
dass die von B. Becker, 1976, beschriebenen Phasen verstärkter
Flussaktivität auch im Tösstal zeitlich etwa gleich abgelaufen
sind, zumal diese im Neftenbacher-Schotterfeld nachgewiesen
werden können (vgl. Kap. D. 1.6.).
Eine Zeitmarke lieferte immerhin eine 14C-Datierung von Holzkohle, die im Schwemmfächer des Tobelbaches westlich Pfungen
gefunden wurde. Die Fundstelle liegt ca. 1om über der Tössallmend, dem Tössniveau vor ihrer Korrektur.

Aufschlussverhältnisse

Fig. 33: PROFIL AUS DEM SCHWEMMFAECHER DES TOBELBACHES
(Koord: 69o'ooo/263'5oo, 388.5)

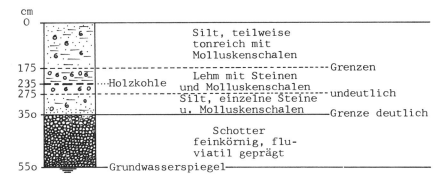

Ergebnisse

- 14C-Alter der Holzkohle: 334o±125 y BP (Labornummer: UZ - 84)
- Mollusken-Fauna: Acicula polita *
      Carychium minimum *
      Cochlodina laminata   * zahlenmässig
      Discus rotundatus *   dominierende
      Ena obscura   Formen
      Lymnaea peregra ovata
      Vallonia costata *

Berücksichtigt man die Individuenzahl, so gleicht die Fauna
jener der Seetone des Zulgschuttfächers (vgl. Ch. Schlüchter,
1976).

Interpretation

Da im gesamten Profil nur Mollusken aus einer Warmzeit gefunden
wurden, dürfte der aufgeschlossene Abschnitt des Schwemmfächers
im Holozän entstanden sein. Die Sedimentation erfolgte recht
kontinuierlich, offenbar ohne direkte Einwirkung der Töss. Für
die Bildung der oberen 2m mächtigen Ablagerungen standen max.
33oo Jahre zur Verfügung. Es ist aber auch möglich, dass der
gesamte Schuttfächer wesentlich jünger ist.

2.2.   Die Steilhänge

Wie in U. Käser, 1975, dargestellt, sind die Talhänge mehr oder
weniger stark durch Mulden- und Kerbtäler gegliedert.
Muldentälchen werden dabei im Sinne von H. Louis, 1961, interpretiert und als Dellen bezeichnet. Im Periglazialbereich in
ihren Hauptzügen entstanden, wurden sie im Holozän teilweise
von Rutschungen betroffen oder von der fluviatilen Erosion er-
fasst. Ihre Mündungen liegen im Tösstal durchwegs über der Akkumulationsoberfläche der "Würm"schotter.
Auch bei den Kerbtälern lässt sich beobachten, wie diese zwei-
phasig gebildet wurden:
- Bildung des Hauptteiles des Tales mit einer Erosionsbasis
  über dem heutigen Talboden,
- "Anzapfung" dieses Tales durch rückschreitende Erosion vom
  heutigen Talboden aus.
Häufig fehlen Schuttfächer mit den korrelaten Sedimenten dieser
Seitentälchen. Möglicherweise sind diese jedoch nie gebildet
worden, da Sand- und Mergelmaterial, aus dem die Seitenhänge
bestehen, sehr leicht und kontinuierlich verschwemmt wird. Dies
ist im Hinblick auf die zeitliche Einordnung der Genese der Sei-
tentäler zu beachten.
Wie können die hangenden Mündungen interpretiert werden?
Einerseits dürfte es die Eisoberfläche gewesen sein, die als
Erosionsbasis wirkte. M. Steffen, 1964, erwähnt die Tälchen am
Südhang des Lindberges, die als Schmelzwasserrinnen entstanden
seien, während der Gletscher im Winterthurer Tal lag.
Andererseits lag der Talboden nach Akkumulationsphasen wesent-
lich höher (z.B. nach der Schüttung des Neftenbacher- und Win-
terthurer-Schotterfeldes bei Pfungen auf 412m ü.M.).
Es stellt sich somit noch die Frage, wann die Seitentälchen ent-
standen sind.
Auffällig ist in diesem Zusammenhang die reichere Gliederung
der linken Abhänge des Rumstales und der Irchelabhänge von Dättlikon talabwärts. Diese Tatsache kann wie folgt gedeutet werden:
Die Anlage der Tälchen erfolgte präwürmisch. Während der letzten
Eiszeit sind überall dort die Formen verwischt worden, wo das
Eis zu erodieren vermochte. Dass der Nordhang des Blauen, obwohl
unterhalb Dättlikon liegend, nur wenige kleine Dellen aufweist,

unterstützt diese Hypothese. Hier dürfte nämlich die glaziale
Erosion erheblich grössere Beträge erreicht haben, da der aus
Nordosten vorstossende Gletscher "frontal" auf den Blauen traf.
Mit der Tieferlegung der Erosionsbasis im Tösstal beka-
men die Seitenbäche neue Erosionskraft und begannen sich in die
weichen Molassegesteine einzutiefen. Das grösste und beein-
druckendste Tobel ist das Ober Tobel westlich von Neftenbach
(vgl. Kap. B. 2.1.).

Wie erwähnt, kommt es an den Steilhängen dauernd zu Rutschungen. Einen Hinweis auf die Beträge dieser Umlagerungsmechanis-
men lieferte ein Holzfund im Gehängelehm bei Dättlikon.

Aufschlussverhältnisse

Fig. 34: PROFIL AUS DEM GEHAENGELEHM BEI DAETTLIKON
     (Koord: 688'95o/264'6oo, 44o)

     Oberflächengefälle: 25%, im oberen Hangabschnitt 5o%
     Exposition   : SSW

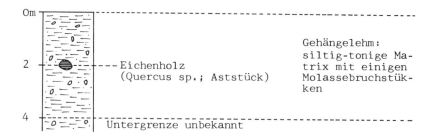

Gehängelehm:
siltig-tonige Ma-
trix mit einigen
Molassebruchstük-
ken

Eichenholz
(Quercus sp.; Aststück)

Untergrenze unbekannt

Ergebnis

Die 14C-Datierung ergab für das Eichenstück ein Alter von
     2loo$\pm$8o y BP (Labornummer: UZ - 181).

Interpretation

Für die Bildung der oberen 2m mächtigen Gehängelehmablagerungen
standen max. rund 2ooo Jahre zur Verfügung. Da am Aufschluss
keine Schichtung und Zonierung des Gehängelehms zu erkennen
waren, ist dieser entweder rasch während einer Rutschung entstanden oder aber - was allerdings unwahrscheinlicher ist -
über die Jahrhunderte hinweg sedimentiert worden.

E. ZUSAMMENFASSUNG DER WICHTIGSTEN ERGEBNISSE

Die in Kiesgruben aufgeschlossenen Sedimente des Embracher-Schotterfeldes können gegliedert werden. Eine bislang in der Literatur nicht erwähnte, hochliegende Grundmoräne (basal melt-out till) mit einer "fluted surface" wird beschrieben. Weiter konnten zwei Schotterkörper und eine während katastrophaler Schmelzwasserausbrüchen gebildete Groblage beobachtet werden.

Fazies und Verbreitung der Grundmoräne belegen einen maximalen (vermutlich letzteiszeitlichen) Vorstoss des Rhein-Thur-Gletschers bis in den Raum Embrach.

Nach einem Abschmelzen des Eises mindestens bis östlich Pfungen stiess derselbe Gletscherlappen erneut vor. Dieses Mal erreichte er jedoch nur noch den Raum Blindensteg - Kohlschwärze unterhalb Dättlikon. Dieser Vorstoss wird dokumentiert durch: Vorstossschotter, Grundmoräne, Kamesablagerung und Ansammlung von Erratikern westlich Pfungen.

Die Genese der Stelzen-Terrasse im untersten Tösstal wird diskutiert. Deren Schüttung von Nordosten her ist möglich, aber nicht widerspruchsfrei belegt.

Die Schotter am Westabhang des Eschenberges sind durch Schmelzwasser des Rhein-Thur-Gletschers gebildet und von diesem anschliessend überfahren worden.

Die "Pfungener-Schicht" ist wahrscheinlich, die Schotter des Neftenbacher- und Winterthurer-Schotterfeldes sind sicher jünger als der Vorstoss bis Blindensteg - Kohlschwärze.

In einer Folge von sechs Karten wird als Resultat der genetischen Interpretationen die Ausdehnung des letzteiszeitlichen Gletschers zu verschiedenen Zeiten dargestellt (Fig. 24 bis 29).

Im Neftenbacher-Schotterfeld können zwei holozäne Schotterumlagerungsphasen belegt und datiert werden (um 4ooo und 23ooy BP). Sie sind mit den Phasen verstärkter Flussaktivität im Donau-, Main- und Oberrheingebiet in etwa korrelierbar.

Im Tösstal wurden im Postglazial "Erosions"-Terrassen gebildet. Unterhalb Pfungen kann das Maximalalter des oberen Teils eines Schwemmfächers, der auf dem heutigen Talboden liegt, mit ca. 33ooy BP angegeben werden.

Einen Anhaltspunkt für die Geschwindigkeit der Gehängelehmbildung liefert das Maximalalter (21ooy BP) einer solchen von 2m Mächtigkeit bei Dättlikon.

F. ANHANG

1. Literaturverzeichnis

ANDRESEN, H. (1964): Beiträge zur Geomorphologie des östlichen
  Hörnliberglandes - Diss. Univ. ZH

ARIO, R. (1977): Classification and Terminology of morainic
  Landforms in Finland - Boreas Vol. 6 Nr. 2, p. 87-1oo, Oslo

BACHMANN, F. (1966): Fossile Strukturböden und Eiskeile auf
  jungpleistozänen Schotterflächen im nordwestschweizerischen
  Mittelland - Diss. Univ. ZH

BATSCHELET, E. (1965): Statistical Methods for the Analysis of
  Problems in Animal Orientation and certain Biological
  Rhythms - American Inst. of Biol. Sciences, Washington DC

BECKER, B. (1975): Dendrochronological Observations on the
  postglacial River Aggradation in the southern Part of Central Europe - Bulletin of Geology, Warszawa, 1975

BECKER, B. (1976): Holocene Tree-Ring Series (oak) from Sou-
  thern Central Europe for archeologic Dating, Radiocarbon
  Calibration and stable Isotop Analysis - Proc. 9. Intern.
  Radiocarbon Conference, Los Angeles u. La Jolla, 1976

BECKER, B. (1976): Zeitstellung und Entstehung postglazialer
  Baumstammlagen in Fluss-Schottern im Bereich des Iller-
  Schwemmkegels und des Donautales östlich von Ulm - IGCP-
  Führer, Hohenheim, 1976

BENDEL, L. (1923): Geologie und Hydrologie des Irchels - Diss.
  Univ. ZH

BLOESCH, E. (1911): Die grosse Eiszeit in der Nordschweiz -
  Beitr. geol. Karte Schweiz, neue Folge 31/2

BOESCH, H. (1957): Bemerkungen zum Terrassenbegriff - Tijd-
  schrift Nederlandsch Aardrijkskundig Genootschap 74/3

BOESCH, H. (1969): Spät- und postglaziale Entwicklung im zürcherischen Rheintal. Uebersicht über neuere Untersuchungen -
  Geogr. Helv., 24/3, p. 1o8-11o

BRINER, Kiesgrube Pfungen (1969): Bohrprofil Bohrung B1 - Manus.

BRUNNER, P. (1948): Geomorphologische Karte von Winterthur und Umgebung - S.A. Vjschr. d. Naturf. Ges. in ZH, Bd. 93

BUECHI, U.P. (1958): Zur Geologie der OSM zwischen Töss- und Glattal - Ecl. geol. Helv., 51/1, p. 73-1o6

BUEDEL, J. (195o): Das System der klimatischen Morphologie - Landshut

CAILLEUX, A. (1952): Morphoskopische Analyse der Geschiebe und Sandkörner und ihre Bedeutung für die Paläoklimatologie - Geol. Rundschau, Bd. 4o, H. 1

CONOVER, W.J. (1971): Practical nonparametric statistics - John Wiley & Sons, N.Y.

DREIMANIS, A. (1976): Tills: Their Origin and Properties - Glacial Till, Special Publication Nr. 12 of the Royal Society of Canada, p. 11-49

EBERS, E. (1937): Zur Entstehung der Drumlins als Stromlinienkörper - S.A. aus d. neuen Jb. f. Mineralogie Bd. 78

ELLENBERG, L. (1972): Zur Morphogenese der Rhein- und Tössregion im nordwestlichen Kt. ZH - Diss. Univ. ZH

FREI, R. (1912): Zur Kenntnis des ostschweizerischen Deckenschotters - Ecl. geol. Helv., 11/6

FREI, R. (1912): Ausbreitung der Diluvialgletscher in der Schweiz - S.A. Beitr. zur geol. Karte der Schweiz, neue Folge, Lief. 41/2

FRUEH, J. (1896): Die Drumlinlandschaft, mit spezieller Berücksichtigung des alpinen Vorlandes - Separatdruck aus dem Jahresbericht d. St. Gallischen Naturw. Ges., 1894/95, p. 37-38

FURRER, G. (1955): Frostbodenformen in ehemals nicht vergletscherten Gebieten der CH - Geogr. Helv., 1o/3, p. 129-132

FURRER, G. und BACHMANN, F. (1968): Die Situmetrie (Einregelungsmessung) als geomorphologische Untersuchungsmethode - Geogr. Helv., 23/1, p. 1-14

GEIGER, E. (193o): Die Zusammensetzung thurgauischer Schotter - S.A. Mitt. d. Thurg. Natf. Ges., H. 28

GEIGER, E. (1948): Untersuchungen über den Geröllbestand im Rheingletschergebiet - S.A. Schweiz. Mineralog. und Petrogr. Mitt., Bd. 27, H. 1

GEIGER, E. (1961): Der Geröllbestand des Rheingletschers im allgemeinen und im besonderen um Winterthur - Mitt. d. Naturw. Ges. Winterthur, H. 3o

GERMAN, R. (1971): Gibt es Grundmoränenlandschaften im Umkreis der Alpen? - Regio Basiliensis, XII/2, p. 362-376

GRAUL, H. (1962): Geomorphologische Studien zum Jungquartär des nördlichen Alpenvorlandes, Teil 1: Das Schweizer Mittelland - Heidelberger Geographische Arbeiten, Heidelberg/München

GUBLER, E. (1976): Beitrag des Landesnivellements zur Bestimmung vertikaler Krustenbewegungen in der Gotthard-Region - Schweiz. mineral. petrogr. Mitt. 56, p. 675-678

HAEFELI, R. (1968): Gedanken zum Problem der glazialen Erosion - Felsmechanik und Ingenieurgeologie, Suppl. IV, p. 31-51

HALDIMANN, P.A. (1978a): Quartärgeologische Entwicklung des mittleren Glattals (Kt. Zürich) - Ecl. geol. Helv., 71/2, p. 347-355

HALDIMANN, P.A. (1978): Hydrogeologische Untersuchungen zwischen Dättlikon und Freienstein - Büro Dr. H. Jäckli, Manus.

HANTKE, R. (1958): Die Gletscherstände des Reuss- und Linthsystems zur ausgehenden Würmeiszeit - Ecl. geol. Helv., 51/1, p. 119-15o

HANTKE, R. (196o): Zur Gliederung des Jungpleistozäns im Grenzbereich von Linth- und Rheinsystem - Geogr. Helv., 15/4, p. 239-248

HANTKE, R. (1978): Eiszeitalter, Bd. 1: Die jüngste Erdgeschichte der Schweiz und ihrer Nachbargebiete - Ott Verlag AG Thun

HEIM, A. (1919): Geologie der Schweiz, Bd. 1: Molasseland und Juragebirge - Leipzig

HESS, E. (1934): Molasseaufschlüsse bei Winterthur - Mitt. d. Naturw. Ges. Winterthur, H. 2o, p. 1o9-128

HESS, E. (1944): Geologische Beobachtungen in Winterthur - Mitt.
d. Naturw. Ges. Winterthur, H. 24, p. 113-128

HESS, E. (1956): Geologische Beobachtungen in Winterthur - Mitt.
d. Naturw. Ges. Winterthur, H. 28, p. 75-9o

HESS, E. und TRUEEB, E. (1959): Zur Entwicklung der Winterthurer
Wasserversorgung - Mitt. d. Naturw. Ges. Winterthur, H. 29,
p. 3-5o

HOFMANN, F. (197o): Die geologische Entwicklung des Gebietes
zwischen Hörnli und Rheinfall - Mitt. d. Naturw. Ges. Winterthur, H. 33, p. 23-47

HUG, J. (19o7): Die letzte Eiszeit im nördlichen Teil des Kantons Zürich und den angrenzenden Gebieten - Bern

HUG, J. (19o9): Die Zweiteilung der Niederterrassen im Rheintal zwischen Schaffhausen und Basel - Zeitschrift für Gletscherkunde, Bd. 3

HUG, J. und BEILICK, A. (1934): Die Grundwasserverhältnisse des
Kantons Zürich - Beitr. Geol. d. Schweiz, geotechn. Serie,
Hydrologie, Lfg. 1 - Zürich

JAECKLI, H. (1958): Die geologischen Verhältnisse bei Andelfingen. Fundationsprobleme im glazial vorbelasteten und eistek-
tonisch stark gestörten Baugrund - Mitt. Geol. Inst. ETH
und Univ. Zürich, Serie C/72

JAECKLI, H. (1967): Geolog.-hydrolog. Untersuchungen; Grundwasserverhältnisse und Möglichkeiten der Kiesgewinnung im
Gebiet Riet - Neftenbach - Pfungen / ZH - Manus.

JAECKLI, H. (1962): Die Vergletscherung der Schweiz im Würmmaximum - Ecl. geol. Helv., 55/2, p. 285-294

JAECKLI, H. (1974): Geologisches Gutachten, die HLS 157o Winterthur - Weiach (Abschnitt Embrach - Winterthur) betref-
fend - Manus.

JAECKLI, H. (1978): Hydrogeologisches Gutachten über das Gebiet des Embracher Schotterfeldes - Manus.

JUNG, G.P. (1969): Beiträge zur Morphogenese des Zürcher Ober-
landes im Spät- und Postglazial. Mit besonderer Berücksichtigung des Greifen- und Pfäffikersees - Vjschr. Naturf.
Ges. Zürich, 114/3, p. 293-4o6

KAESER, U. (1975): Glazialmorphologische Untersuchungen zwischen Töss und Thur - unveröffentlichte Diplomarbeit, Geo-
graphisches Institut Univ. ZH

KAISER, F. (1972): Beiträge zur Morphologie des Dättnauertales -
Diplomarbeit Geogr. Inst. Univ. ZH

KAISER, F. (1972): Ein eiszeitlicher Wald im Dättnau - Mitt. d.
Naturw. Ges. Winterthur, H. 34, p. 25-31

KAISER, N.F.J. (1979): Ein späteiszeitlicher Wald im Dättnau
bei Winterthur/Schweiz - Dissertation Universität Zürich

KELLER, O. (1973): Untersuchungen zur Glazialmorphologie des
Neckertales (Nordostschweizer Voralpen) - Dissertation Universität Zürich

KELLER, O. und KRAYSS, E. (1979): Die letzte Vorlandvereisung
W/S (Würm/Stein a. Rhein) in der Nordostschweiz und im
Bodenseeraum - Manus. und Kartenentwurf

KELLER, W.A. (1974): Glazialmorphologische Untersuchungen im
Rhein - Thur - Gebiet - Diplomarbeit Geogr. Inst. Univ. ZH

KELLER, W.A. (1977): Die Rafzerfeldschotter und ihre Bedeutung
für die Morphogenese des zürcherischen Hochrheingebietes -
Diss. Univ. ZH

LEEMANN, A. (1958): Revision der Würmterrassen im Rheintal zwischen Diessenhofen und Koblenz - Geogr. Helv., 13/2, p. 89-
173

LEEMANN, A. und ELLENBERG, L. (1973): Die Würmschotter im Hoch-
rheinabschnitt von Lottstetten bis Koblenz - Geogr. Helv.,
28/2, p. 41-47

LESER, H. (1968): Das geographische Seminar: Geomorphologie II -
Braunschweig

LOZEK, V. (1965): Das Problem der Lössbildung und die Lössmol-
lusken - Eiszeit und Gegenwart, Bd. 16

LUGEON, M. (19o7): Beiträge zur Geologie der Schweiz, geotechn. Serie, 4. Lfg., Tonlager der Schweiz I. Teil - Geolog. Kommission d. CH Naturf. Ges.

LOUIS, H. (1961): Lehrbuch der allgemeinen Geographie, Bd. 1: Allgemeine Geomorphologie - Berlin

PANZER, W. (197o): Das geographische Seminar: Geomorphologie - Braunschweig

PENCK, A. und BRUECKNER, E. (19o9): Die Alpen im Eiszeitalter - Tauchnitz, Leipzig

SCHIESSER, F. (1953): Die Hochwasser vom 26. Juni 1953 in der Umgebung Winterthurs - Mitt. d. Naturw. Ges. Winterthur, H. 27, p. 91-96

SCHINDLER, C. (1968): Zur Quartärgeologie zwischen dem Untersten Zürichsee und Baden - Ecl. geol. Helv., 61/2, p. 359-433

SCHINDLER, C. (1978): Glaziale Stauchungen in den Niederterrassen- Schottern des Aadorfer Feldes und ihre Deutung - Ecl. geol. Helv., 71/1, p. 159-174

SCHLUECHTER, Ch. (1976): Geologische Untersuchungen im Quartär des Aaretals südlich von Bern - Diss. Univ. Bern

SCHLUECHTER, Ch. und WELTEN, M. (1976): Schematische Zusammenfassung der klima-/litho-/chronostratigraphischen Untersuchungsergebnisse der Arbeiten Welten u. Schlüchter - in: Führer zur Exkursionstagung des IGCP-Projektes 73/1/24, herausgegeben von Burkhard Frenzel, Deutsche Forschungsgemeinschaft, Bonn-Bad Godesberg 1978

SCHLUECHTER, Ch. (1977): Genetic and depositional Relationships between outwash Deposits of proglacial Origin and Basal Till - Volume of Abstracts, X INQUA-Congress, Birmingham, 1977, p. 4o4

SCHLUECHTER, Ch. (1978): Glacial and glaciofluvial Accumulations between Berne and Lake Thoune - Guidebook for the Excursion, INQUA-Symposium Zurich, 1978, p. 92-112

SHAW, J. (1975): The Formation of Glacial Flutings - Quaternary Studies, Royal Society of New Zealand, Wellington 1975, p.253-258

SHAW, J. (1977): Till Body Morphology and Structure related to
    Glacier Flow - Boreas 6/2, p. 189-2o1, Oslo

SOMMERHALDER, E.R. (1968): Glazialmorphologische Detailuntersu-
    chungen im hochwürm-eiszeitlich vergletscherten unteren
    Glattal (Kanton Zürich) - Diss. Univ. ZH

STEFFEN, M. und TRUEEB, E. (1964): Quartärgeologie und Hydrolo-
    gie des Winterthurer Tales - Mitt. d. Naturw. Ges. Winter-
    thur, H. 31

STEINER, D. (1953): Die Waldgeschichte des oberen Tösstales -
    Mitt. d. Naturw. Ges. Winterthur, H. 27, p. 2-89

STYGER, G. (1974): Geologisches Gutachten, die Verlegung der
    SBB-Linie Winterthur - Hettlingen betreffend - Manus.

TAGES ANZEIGER (1976): Die katastrophalen Hochwasser im Tösstal
    von 1876 - Ausgabe vom 4.11.76

UTTINGER, H. (1965): Klimatologie d. Schweiz, E: Niederschlag,
    Teil 4 - Beiheft zu den Annalen d. Schweiz. Meteorolog.
    Zentralanstalt, Jg. 1965

WALSER, H. (1896): Veränderungen der Erdoberfläche im Umkreis
    des Kantons Zürich seit der Mitte des 17. Jh. - Diss. Univ.
    Zürich

WEBER, A. (1928): Die Glazialgeologie des Tösstales und ihre
    Beziehung zur Diluvialgeschichte der Nordschweiz - Mitt.
    d. Naturw. Ges. Winterthur, H. 17/18

WEBER, J. (19o6): Geologische Untersuchungen der Umgebung von
    Winterthur - Mitt. d. Naturw. Ges. Winterthur, H. 6, p. 228-
    245

WEBER, J. (19o8): Geologische Untersuchungen der Umgebung von
    Winterthur, II. Teil - Mitt. d. Naturw. Ges. Winterthur,
    H. 7, p. 43-63

WEBER, J. (1912): Gletschergrundgeschiebe und Gletscherschliff-
    flächen an der Zelglistrasse in Winterthur - Mitt. d. Naturw.
    Ges. Winterthur, H. 9, p. 136-139

WEBER, J. (1918): Zur Geologie und Bergbaukunde des Tösstales -
    Mitt. d. Naturw. Ges. Winterthur, H. 12, p. 153-177

WEBER, J. (1924): Erläuterungen zur Geologischen Karte v. Winterthur und Umgebung, 1:25'ooo, Geolog. Spez.-Karte lo7 - Schweiz. Geolog. Komm. und Mitt. d. Naturw. Ges. Winterthur, H. 15

WILHELM, F. (1975): Schnee- und Gletscherkunde - Walter de Gruyter-Verlag, Berlin, New York, p. 362, 366, 367

ZOLLER, H. (1971): Ueberblick der spät- und postglazialen Vegetationsgeschichte in der Schweiz - Boissiera 19, p. 113-128

2. Kartenverzeichnis

BENDEL, L. (1923): Geologische Karte des Irchels, 1:lo'ooo - Diss. Univ. ZH

BUECHI, U.P. (1958): Tektonische Kartenskizze des linksseitigen Tösstales und des Irchelgebietes, 1:25o'ooo - Ecl. geol. Helv., 51/1, p. 98

ELLENBERG, L. (1972): Geomorphologische Karte des untersten Tösstales und angrenzender Gebiete, 1:25'ooo - Diss. Univ. ZH

GYGER, H.C. (1667): Plan des Kantons Zürich

HANTKE, R. und Mitarbeiter (1967): Geologische Karte des Kantons Zürich und seiner Nachbargebiete, in 2 Blättern, 1:5o'ooo - Zürich

HOFMANN, F. (1967): Geologischer Atlas der Schweiz, Bl. lo52, Andelfingen, 1:25'ooo, mit Erläuterungen - CH Geol. Komm.

HUG, J. (19o5): Die Drumlinlandschaft der Umgebung von Andelfingen (Kt.ZH), 1:25'ooo, Beitr. geol. Karte Schweiz, neue Folge 15; Geol. Spez.-Karte 34 - Schweiz. Geol. Komm.

WEBER, A. (1928): Geologische Karte des unteren Töss- und Glatttales zwischen Dättlikon, Bülach und Eglisau, 1:25'ooo - Mitt. d. Naturw. Ges. Winterthur, H. 17/18

WEBER, J. (1924): Geologische Karte von Winterthur und Umgebung, 1:25'ooo, Geol. Spez.-Karte lo7, mit Erläuterungen - Schweizerische Geologische Kommission

LANDESKARTE DER SCHWEIZ: 1:25'ooo, Blätter: lo51 Eglisau, lo52 Andelfingen, lo71 Bülach, lo72 Winterthur; 1:loo'ooo, Blätter: 27 Bözberg, 28 Bodensee

LEBENSLAUF

Am 2o. Oktober 1947 wurde ich, Ulrich Jakob Käser, Bürger von Kleindietwil (Kt. Bern) und Meggen (Kt. Luzern), in Luzern geboren.
In Meggen und Luzern besuchte ich die Primarschule und anschliessend das Lehrerseminar der Stadt Luzern, wo ich 1969 das Primarlehrerdiplom erlangte.

Nach einjähriger Tätigkeit als Lehrer begann ich 197o mein Geographiestudium an der Universität Zürich. An Nebenfächern belegte ich:
- Mathematik und Propädeutische Geographie (1. Vordiplom),
- Geologie und Petrographie (2. Vordiplom),
- Zoologie (zusammen mit Geographie in der Schlussprüfung).

Das Grundstudium schloss ich 1975 mit dem Diplom der Philosophischen Fakultät II der Universität Zürich ab.

Während und nach meiner Studienzeit unterrichtete ich an verschiedenen Schulen als Hilfslehrer und Vikar.
1976 erlangte ich das Diplom für das Höhere Lehramt.
Seit 1977 bin ich als Hauptlehrer mit halber Lehrverpflichtung am Realgymnasium Rämibühl in Zürich tätig.

In den Jahren 1975 bis 1979 arbeitete ich unter der Leitung von Herrn Prof. Dr. G. Furrer an der vorliegenden Dissertation.

Im Laufe meines Studiums besuchte ich Vorlesungen, Uebungen und Exkursionen bei den folgenden Dozenten:
Bachmann, Bär, Bögli, Boesch, Egli, Elsasser, Fitze, Furrer, Gensler, Gutermann, Guyan, Haefner, Kilchenmann, Kishimoto, Leemann, Schmid, Schüepp, Schweingruber, Steffen (Geographie); Burla, Chen, Hadorn, Hediger, Jungen, Kummer, Kurt, Nievergelt, Tardent, Ziswiler (Zoologie); Gansser, Hantke, Milnes, Trümpy (Geologie); Grünenfelder, Trommsdorff (Petrographie); van der Waerden, Wyler (Mathematik); Cook, Schlittler (Botanik); Faerber, Inhelder, Woodtli (Didaktik).